优雅绅士 V

衬 衫

刘瑞璞
薛艳慧　　编 著

化学工业出版社
·北京·

无论是社交还是职场，固然从正式、非正式到休闲都有相应的社交规则，然而，无论如何一个可以接受的社交规则是，"可以选择有主服也可以选择没有，而不能选择没有衬衫。"在任何情况下我们可以接受没有西装的衬衫，但不能接受没有衬衫的西装。

　　国际着装规则（THE DRESS CODE）成为国际主流社会的社交规则和奢侈品牌的密码，这与它作为绅士文化发端于英国、发迹于美国、系统化于日本的形成路线有关。全书依照男士国际着装惯例细则展开，逐一探究了当今绅士衬衫传承的文化价值和彰显品位指引，并且进一步讲述了休闲衬衫、商务衬衫、礼服衬衫的服饰搭配细则及其原因，从而有效地指导男士如何将衬衫穿着得体，穿出品位，为打造社交、职场的成功形象收获了一个有分量的砝码，为开启优雅绅士的大门掌握了一把关键的钥匙。本书为建立规范的绅士衬衫服饰文化、品牌开发及成功人士着装品位提供了有价值、操作性强和有效的指导，这是一本有关衬衫优雅生活方式和绅士文化的权威教科书。

图书在版编目（CIP）数据

　　优雅绅士Ⅴ．衬衫／刘瑞璞，薛艳慧编著．北京：化学工业出版社，2015.2
　　ISBN　978-7-122-22626-6

　　Ⅰ．①优… Ⅱ．①刘… ②薛… Ⅲ．①男服－衬衣－服饰文化－世界 Ⅳ．① TS941.718

　　中国版本图书馆 CIP 数据核字（2014）第 301675 号

责任编辑：李彦芳　　　　　　　　　　　装帧设计：知天下
责任校对：宋　玮

出版发行：化学工业出版社（北京市东城区青年湖南街 13 号　　邮政编码 100011）
印　　装：北京虎彩文化传播有限公司
787mm×1092mm 1/16　印张 10　字数 200 千字　　2016 年 6 月北京第 1 版第 1 次印刷

购书咨询：010-64518888　　　　　　　售后服务：010-64518899
网　　址：http://www.cip.com.cn
凡购买本书，如有缺损质量问题，本社销售中心负责调换。

定　　价：48.00 元

序言

衬衫——值得打造的绅士品牌

在主流社会中，人们可以接受没有西装的衬衫，但不能容忍没有衬衫的西装；即便在衬衫与西装的组合中，人们可以接受西装的不完美，但不能容忍衬衫的瑕疵。因此，在绅士着装中作为优雅品质的评价，衬衫的质素具有指标意义，由此可见衬衫的社交规则与知识系统跟主服一样庞大和重要。

一、衬衫类型框架探索

研究基于 THE DRESS CODE（国际着装规则）的衬衫知识系统与实践是衬衫定制品牌不可或缺的。本书通过对衬衫的理论探索、文献研究与案例分析，可以得出建构衬衫国际着装机制的构想。首先，导入绅士衬衫的历史信息与语言系统，包括衬衫附属品的历史信息与语言系统，旨在得到完整衬衫文化的知识系统；其次，整理礼服、商务衬衫的社交语言及其定制经营模式与流程方法；最后，打造绅士衬衫定制经营与优雅生活方式的体验平台。

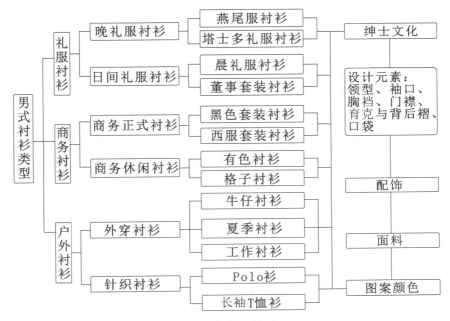

基于 THE DRESS CODE 的衬衫类型框架

依据绅士着装规则，衬衫有三个基本类型，分别是礼服衬衫、商务衬衫和户外衬衫，如上图所示。每个类型又分为子类型和相关信息，每个类型的末端需从相关知识点展开有效的运用和设计，包括每种类型的绅士文化、设计元素、配饰、面料、图案颜色等，进行个性化定制设计才能完成全部流程。由此探索一个国际化衬衫定制的专业文化平台与运营模式。

二、衬衫定制业的时机

人们除了开始从美学角度考虑视觉的和谐性外，也开始从优雅生活方式和国际化角度考虑着装社交伦理的人文交流。这是因为衬衫的批量产品已经满足不了成功人士追求着装社交规则的情感回应，因此，个性定制成为高端衬衫消费的发展方向。定制的衬衫可以修饰体型缺陷，能承载绅士文化信息与优雅密码。因此，衬衫全方位定制有它的传统且早成系统。由此可见定制衬衫是培养优雅绅士不可或缺的精妙体验。

三、衬衫知识系统对打造品牌的重要性

衬衫是贯穿礼服、常服和户外服的绅士着装文化的重要组成部分，这决定了它的理论系统是完备的。从根源上了解基于 THE DRESS CODE（国际着装规则）的衬衫知识系统，把握衬衫元素自身的语言规律，在衬衫品牌的文化建设上才能得到国际市场的认可。这也是本书以绅士衬衫文化所包含的历史掌故、社交取向和实用功能相结合进行系统研究的原因所在，成为打造高端衬衫品牌的基础。

四、衬衫休闲化成为衬衫定制业的契机

受人们生活节奏加快和着装简约化趋势的影响，服装的礼俗逐渐让位于功用。燕尾服衬衫几乎被束之高阁，晨礼服衬衫和塔士多礼服衬衫也只是在上流社会的正式宴会或重大颁奖礼中使用，西服套装穿着方式也越来越休闲化，很多正式场合的谈判甚至脱掉外衣只着衬衫，这不难看出商务衬衫完全可以脱离出主服而独立存在并且成为主流。这种趋势不可避免地使衬衫市场的定制份额大大增加，形成礼服衬衫、商务衬衫和休闲衬衫的基本格局，全方位的高端衬衫和定制衬衫经营的理论、技术与流程的建构，对中国服装奢侈品市场具有指导价值并提供权威和专业化的范本。

刘瑞璞
2015年12月
于北京服装学院

目录

第一章

衬衫定制的品牌与流程

在时尚品牌中将男装风格演绎得愈加纷繁复杂的今天，定制仍然代表着男装工艺的最高境界，也代表一种男人的着装风格，更是将传承数百年的绅士精神浓缩成精华，成为男性时尚世界中活着的历史。虽然男装定制在中途也有落寞的时候，但 100 多年来以绅士文化为核心的国际着装规则（The Dress Code）将这种高贵的生活方式凝固了起来。随着人们对生活品质的要求越来越高，精英男士不再满足于批量生产、缺少个人特色的成衣。对于一些特殊要求、特殊身形的人来说，它的出现以及延续是必然的。因此，定制不仅仅是专属于个人的单品这么简单，更成为男士社交的隐形名片，将个人魅力最大化。

一、衬衫为什么需要定制

衬衫作为男士衣橱中普通的单品，在社交中传递着一个举足轻重的信息，它是一个男人"成也萧何，败也萧何"的社交符号。因为定制衬衫可以修饰体型的缺陷，可以描绘出个人的性格，更重要的是，它所承载的绅士文化信息与优雅密码让追求品位的人无法抗拒。因此，它是唯一可以左右绅士服面貌的附属品，而成为基于国际着装规则（The Dress Code）下胜似主服的服装，成为可以和礼服定制流程完全相同的定制品牌。

毫无疑问，定制一件衬衫是奢侈的，但是却也能很好地说明你接受了一种文明、高雅的生活方式，当然需有经济实力。通常情况下，从第一次量体（裁缝会得到很多比你想象得还要多的数据）到最后成衣，做一件衬衣或者多件，因为有的定制店起订件数是3~6件衬衫，需要数周的时间，而且你还要付比普通衬衫高出将近2倍的价格。但最后做出的衬衫会非常合体，堪称完美，所有的裁剪也会适合你的个性需求，比如说你经常戴一块很大的表，那他就会把袖口做的大一点，而且定制的面料比成衣衬衫的面料质量好很多。看似形制相同的衬衫其实拥有着其独特的内涵与规则的约束，虽然形制的基本结构是衬衫最直接的表达，但因TPO（时间、地点、场合）的改变所使用的部件要素、色彩及其图案类型会有所改变而赋予衬衫新的含义。这一切都是在商店里，甚至品牌专卖店购买非定制的衬衫所无法体验的。所以定制衬衫形制的部件要素、色彩倾向、图案类型、面料品质和独特的工艺比任何一种主服（如西装、礼服等）都能够表现出明显的着装修养和社交取向。

据康奈尔大学社会学研究表明，一件衬衫需要给领带留有足够的空间，既要合体，又要保证质量。因为一件衬衫不能有效地搭配领带会严重使你的形象大打折扣。所以成功人士是不会随便在一个成衣店选择成品衬衫的，这不是金钱问题，而是品位。定制衬衫与其说是定制一件衣服不如说是定制一种生活方式，一种精致而优雅的生活方式。

二、绅士衬衫的定制类型与品牌

量身定制分全定制、半定制和个性定制三种。全定制是指定制师傅与顾客一对一的服务，面料限定在全球顶级面料约30种的范围内，手工在90%以上；半定制是指定制师傅与顾客一对多的服务，面料选择是全定制30种面料的20种以下，手工在60%以下；个性定制事实上是高级成衣的生产方式，只是在服务上通过门店量体套号方式确定，"板型和面料个人方案"的个性化定制。就衬衫定制而言，全球的定制品牌更偏重于"个性定制"且日益成为主流。

全定制品牌主要集中在英国伦敦的杰明街。全方位打造衬衫定制品牌不能不提的是美国的布鲁克斯兄弟（Brooks Brothers）。而集中精力打造衬衫个性定制品牌的是中国香港的诗阁。其实现代绅士文化的驱使，"准定制客"并不追求定制方式，而是"绅士文化权威解读"的定制。因此，杰明街全定制衬衫的生意仍成为绅士和精英社交的主导。

（一）全定制衬衫品牌的守望者

杰明街衬衫制作实际上没有一件衬衫是全手工完成的，包括图案、面料的定制和单量单裁，缝制工作不再需要一针一线地完成。"全手工"是指当年伦敦生产的衬衫，现在是用缝纫机加手工缝制衬衫，是明显的半定制方式，重要的是，他们坚守的"绅士文化元素"无人企及。这使全定制衬衫转移到了意大利的那不勒斯（意大利西南部港口），这个地方是以全定制衬衫为人所知。不管订单大小，这里的衬衫还是纯手工一针一线缝制的，手工制作蔚然成风，它的诸多无可复制的手工做法成为全球衬衫专家们的谈资。在那不勒斯全定制衬衫品牌中，路奇•博雷里（Borrelli）声誉最为卓越，这要得益于它的全手工（图1-1）。

图 1-1　意大利奢侈品牌路奇•博雷里（luigi borrelli）

不过在名声不太响的衬衫生产者中，位于维亚勒格拉姆齐（Viale Gramsci）26号的安娜•玛陀莎（Anna Matuzzo）定制店的声誉尤其好。门铃上的一块小商标是这个定制店的唯一标志，但了解这里的人都知道，这里应有尽有。销售部被装饰成起居室的风格，只有放在壁橱和桌子上的衬衫经典图案成捆的布料才能告诉我们这间房子的真正用途。安娜•玛陀莎在一楼的工作台上根据每一位顾客的尺寸和选好的面料完成一步步的裁剪工序，当然一定是纯手工完成。"我们衬衫的独特之处就是手工缝制"，玛陀莎夫人这样说。肩膀和衣领是手工缝合的，每个扣眼是手工开洞的，每个纽扣是用加里纳（gallina），一种那不勒斯地区特有的线缝缀的，甚至衬衫的顾客首个字母都是在带有高倍放大镜的绣架上进行的，可见玛陀莎比博雷里对全定制衬衫的理念和诠释有过之而无不及。

（二）"杰明街"——全球定制衬衫的风向标

具有典型英国特色的伦敦杰明街是英国衬衫著名定制品牌主要集中地，这些品牌并不认为必须坚守"全定制"是最正统的，反而认为它会葬送这个文化，重要的是要保住氛围。因此，这条街专门为男士提供奢侈品，是英国最大的男士商业街，销售美酒、茶叶、烟草和量身定做衬衫等，它与萨维尔街（绅士定制街）构成绅士文化践行圣地，而成为全球定制品牌的风向标。这条街起源于 1664 年，享誉英国，成为全球绅士的衣橱。街道两旁驻守着诸如登喜路、伊顿男装、"老邦迪街的泰勒"、达卫多夫雪茄等名牌店铺。这里几乎全部商店都有着超过百年的历史，有几家店的经营历史甚至超过 300 年，这些百年老店一直默默地向世人展示它们的绅士理念——优雅应该是一以贯之的。正如博·布鲁梅尔（英国历史中著名的绅士）的名言所描述，"真正的优雅不应该被人注意"。因为真正的优雅已渗入生活习惯中，成为一种自然而然的表达，更重要的是，它蕴含丰富的历史积淀。

杰明街 71 号是特恩布尔·阿塞（Turnbull&Asser），英国杰明街最有名的衬衫定制店之一，1886 年成立。自 1904 年以来，一系列令人难以置信的供生产定制的衬衫面料和领带面料都从这里销售。其可选面料达千余种，裁剪风格与萨维尔街西装定制风格有异曲同工之妙，表现异常的合体矜持。定制衬衫在它看来最重要的是要保持"定制的生活方式"，因此只接受最少 6 件，交货时间 12 周的顾客，以明亮的原色调而著称，尤其大胆运用格子和条纹，这是英国绅士一贯标榜并被确立的主流社交品质，却深受美国顾客的追捧（图 1-2）。

图 1-2 特恩布尔·阿赛（Turnbull Asser）衬衫店

杰明街 106 号 的 T.M. 勒温（T.M.LEWIN）公司（托马斯·梅耶斯·勒温）创立于 1898 年，勒温衬衫为法式衬衣，相对紧贴身体，稍有舒展，翻领相对狭窄。曾经以为伊顿中学（贵族学校）制作校服而出名。尽管按照杰明街的标准其设计可能过于时尚，但质量却无与伦比。勒温衬衫以其种类繁多的领带搭配而著称，并创立了一种"俱乐部风格"，对美国"常青藤文化"影响至深，而成为现代公务商务的标签。其中有校园领带、社团领带和俱乐部领带等（图1–3）。它的经营方式与众不同，勒温衬衫有着高效的邮购服务。

　　杰明街53号的新·林伍德（New&Lingwood）是伦敦衬衫制造商中最著名的一家定制店，具有典型的杰明街衬衫风格，对于那些喜欢用亮条纹衬衫搭配商务套装的人有很大的吸引力。它与特恩布尔·阿赛一样，作为标榜绅士文化的品牌，也提供优质的领带和高等级皮鞋的定制套餐。

图 1-3　T.M. 勒温（T.M.LEWIN）的定制衬衫与领带

　　杰明街77号是哈维·哈德森（Harvie&Hudson），除了出售杰明街特色的衬衫外还提供西服套装、夹克西装和裤子的定制。条纹的丝棉衬衫搭配华丽的领带是它的特色。哈维·哈德森店内氛围显得有些呆板，但这也可能为此店增加了不少魅力。不过也有被宠坏了的顾客认为此店氛围实在"低调"，有些怠慢顾客，事实上这家公司的传奇声誉完全建立在它们秉承衬衫那种历久弥新的品质之上而吸引了不少资深且持续光顾的绅士。

　　与哈德森吸引资深绅士的经营方式不同的是，托马斯·品克衬衫可以说是在打造无可挑剔的棉质衬衫，设计种类繁多是托马斯·品克一直致力于开拓年轻绅士群体的新贵战略，毫无疑问取得了成功。其经营方式以半定制和个性定制为主，店内提供各种尺寸的试穿衬衫，衬衫领型为相对较硬的半礼服领和适当的宽展领，这也意味着有更多选择的搭配领带。托马斯·品克半定制和个性定制的方式也提供了全天候的网上定制业务，成为服务全球的衬衫定制品牌（图1–4）。

图 1-4　哈维·哈德森（Harvie&Hudson）的定制衬衫和领带

（三）"布鲁克斯衬衫"——一个新贵标志的诞生

美国百年品牌布鲁克斯兄弟在 20 世纪 80 年代使绅士服取得了如此高的声望，那些欧洲不折不扣的雅皮士们来到纽约，总是在回去时会带一些真正的纽扣领衬衫，炫耀自己是当今新贵的先锋，因为带领纽的衬衫完全颠覆了布鲁梅尔式高而硬领衬衫的传统。在那时纽扣领衬衫甚至成为时尚杂志的年轻读者的一大火热新发现。其实带扣领衬衫早在 1900 年就已经开始在麦迪逊大街的布鲁克斯兄弟专卖店出售了。第二次世界大战后的经济复苏，休闲户外文化让绅士服定制增加了不少常青藤风格。常青藤风格说到底就是校园的运动风格，衍生到职场社交便诞生了绅士休闲风格，带领扣衬衫就是它的标志物，也成为定制衬衫不可或缺的现代绅士服标志。因此，纽扣领衬衫是美国人对经典时尚男装为数不多的贡献之一，它的奇特魅力甚至可以与英国和意大利最棒的奢侈品并驾齐驱，但也只有布鲁克斯兄弟品牌才能够做到。至今还没有任何一个品牌可以模仿出布鲁克斯兄弟带领扣软领衬衫的裁剪与工艺，这也是这种衬衫定制的关键点（图 1-5）。

传统领扣衬衫诞生于 1896 年　　牛津纺衬衫　　现代免烫衬衫

图 1-5　布鲁克斯兄弟（Brooks Brothers）纽扣领衬衫成为"休闲绅士"的符号

（四）诗阁个性定制衬衫的标志品牌

国内定制衬衫品牌可以与世界品牌相媲美的是香港诗阁。它以个性定制为主，有 3000 多种可选择面料，有瑞士的 Alumo，意大利的 Testa、Thomas Mason 等衬衫品牌代理，许多品牌的顶级面料，全香港也只有诗阁独家入货。如果顾客还不满意，诗阁还会想尽一切办法从全世界寻找客户需要的面料。在工艺上力求成为最高端的技术，诗阁特有的每英寸（1 英寸等于 2.54cm）22 针的单线缝制技术，可以保证衬衫即使经过多次洗涤也能完好如初。纽扣要用全定制的标准，是经过手工筛选的纯色贝母，就连缝钉上去的针数，也比一般的衬衫多 1 倍。可以说诗阁走的是成衣机械制造的个性定制路线（图 1–6）。

诗阁可谓全球衬衫定制的标志性品牌之一，在高级定制领域是最有声望的华人定制品牌，是国内定制衬衫的领

图 1-6 诗阁（ASCOT CHANG）衬衫品牌

头羊。它不仅有全球定制衬衫的业务，在纽约第五大道还有专营店铺，而且它已经成为最具规模的衬衫个性定制标志性品牌。

三、绅士衬衫——主流社交的文化符号

盖茨比那一摞摞质量上乘的亚麻、厚绸、细法兰绒衬衫带给黛西一种无与伦比的震撼，面料有纯白色的、条纹的、花纹的、方格的、珊瑚色的、苹果绿的、浅紫色的、淡橘色的……上面还绣着深蓝色的盖茨比名字大写字母的衬衫顿时让她痛哭流涕。这是电影《了不起的盖茨比》的一组画面，虽然不长，但以一种地道的绅士密码和精准的社交表现让黛西欲罢不能。这对于理解衬衫在主流文化社交中的魅力却是相当可靠的一个见证。而在这些衬衫中应对一次次关键社交的制胜法宝就是在白色衬衫上的细微变化，显然他懂得了如何根据套装的改变调整衬衫细节的"绅士社交套路"，这也是导演为什么让布鲁克斯兄弟全力打造影片服装的原因所在（图 1-7）。绅士服以广为人知的尊贵气质为设计理念，它所注重的是来自于凝固在历史中的功能与细节上的一些变化，而非时尚潮流为主要的参考标准，与女装追求新鲜的潮流感完全不同。这

种文化符号可以追溯到中世纪，那时能够穿上白衬衫意味着这个人有着极高的社会地位并且非常富有。从此，白色便成为礼服衬衫的代名词，即便是在几个世纪以后，白色仍然是展示男士衬衫魅力的代名词。

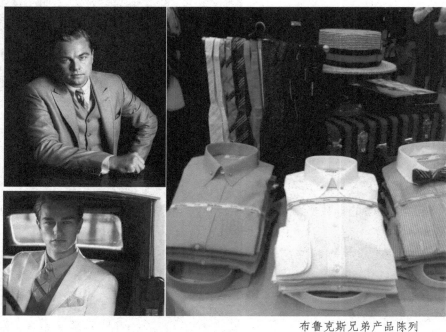

盖茨比剧照

布鲁克斯兄弟推出《了不起的盖茨比》男装系列之一宣传图

布鲁克斯兄弟产品陈列

布鲁克斯兄弟打造电影男装系列图

图 1-7 电影《了不起的盖茨比》与布鲁克斯绅士品牌

为什么礼服衬衫白色是唯一选择？自古以来它就渗透着纯正的贵族血统而衍生为绅士的文化符号。从 18 世纪英国名绅布鲁梅尔倡导以来，经过 19 世纪英国名贵柴斯特菲尔德伯爵创立的沙龙历练而成为绅士的标签，今天"白领"成为社会精英和中产阶级的代名词，与此历史渊源密切相关。工业革命开始之初，随着资本主义的迅速崛起，工商界不仅继承了这个传统，还将白色衬衫视为高雅和体面生活方式的准则。其实它表达了非富即贵的内敛——白色衬衫易脏，并需要时间和金钱，然而要保持这种高雅的优越感就需要经常更换它们，也要有足够的供应。因此，衬衫不仅具有奢侈品的基因，还要通过"多件定制"的独特方式体验绅士的生活方式。这个传统在当时只有依靠财富增值的绅士和下议院议员才能穿得起白衬衫和付得起清洗白衬衫的费用。今天看来纯白色成为礼服衬衫的唯一选择不仅仅是对绅士生活方式的继承，还是对传统的敬畏。客观上它已成为是否颠覆社交规则的标志，一件白衬衫不是让一位男人表达个性之用，而在于坚守传统意味着瞬间的礼节从来不会不合时宜，也不存在什么社交风险。

由此可见，职场衬衫的主流越接近白色风险越小。那么，白色衬衫礼仪级别高于单色衬衫，单色衬衫高于条纹衬衫，条纹衬衫高于细格衬衫，这便成为社交规则，也是男式衬衫的主流文化架构。单色衬衫是指那些有色彩倾向但明度较高的浅色系衬衫，最被人们接受的是淡蓝色调。单色衬衫中有这样一个暗示，即浅淡的颜色代表中上阶层，生硬、浓重的颜色是中下阶层的象征，不过产生这种情况有其历史原因。19世纪以来贵族衬衫都是用高级的埃及棉制成的，棉织物比较容易染色，浅淡的色调容易控制，加上后工业革命时代工商业的大发展，特别是纺织工业的崛起，使有色衬衫大行其道，但白色的主导地位并没有消失，因此接近它的浅色调便成为补充。或许正是浅色衬衫成就了一个工商时代的到来。同时也创造了一个以衬衫为标志的"蓝领"阶层。代表蓝领阶层的浓重色调衬衫比较廉价，是用较粗且含化纤的织物做成，不易上色，染料就必须浓重又要批量生产。虽然现代的染色和纺织技术可以解决这些问题，但是传统色彩的这种阶层化心理暗示却依然存在。

条纹衬衫是工业革命以后工商业崛起的产物，它给人一种含蓄、内敛、有秩序的感觉，可以说是一种有个性表达空间的商务衬衫。细细的条纹体现着商务、公务人士的精明、干练与秩序，不过条纹越宽，穿着者越显得离经叛道。小格子衬衫则明显带有俱乐部信息，它虽然在所有内穿衬衫中礼仪级别最低，但它所蕴含的英国贵族血统而表现出休闲的优雅，因此就被排除礼服衬衫之外，与运动西装（blazer）、休闲西装（jacket）组合成为黄金搭配（图1-8）。

图 1-8 格子衬衫与休闲西装的黄金组合

四、定制衬衫的方法与流程

　　定制衬衫恪守着严格的方法与流程，这是确保其文化符号的纯粹性和定制品位的可靠手段。即便新材料、新技术、新工艺的改变，手工定制的理念也不会改变，方法与流程更加科学有效。那么在定制衬衫之前首先要明确一个先决条件，即定制衬衫的面料基本为高端棉布，棉纤维在水洗时会收缩，即使经过特殊处理，缩水率也不会完全消失。因此，一名高端裁缝在动手之前，一定要充分缩水，这样做出的衬衫才堪称"定寸定制"。定寸定制在世界最苛刻、最讲究的衬衫定制店里，具有指标意义，因为它为方法和程序上的运行提供了必要的条件和品质的保证。定制衬衫起订不能少于3件，理想的一单定制是6件，但在准备面料时按7件面料以上，准备通过充分缩水处理之后先做一件交给顾客试穿，在穿过清洗之后，交回店铺，通过店铺师傅综合评估洗涤后领子和袖子的缩水量，如果不符合要求要重复上述工作，至达标为止。在这个基础上才可以缝制完全符合尺寸的衬衫。不管怎样，做好衬衫的第一步必须是精确的尺寸（图1-9）。

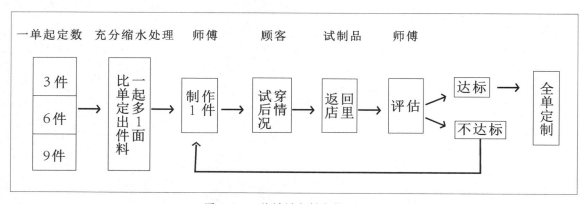

图 1-9　一单衬衫定制流程

　　定制衬衫样式是最能考验修养的。对于定制店这可以说是最能够吸引顾客的关键，也表现在师傅与顾客是否有有效地互动服务上，这是定制店行业文化建设与历史积淀的集中表现。顾客一方面到店中要感受到这种氛围，更要表现在服务上。对顾客的要求在定制衬衫之前一定要先想好自己要定制什么样式的衬衫，然后认真地将自己的想法告诉师傅，不管是多么基本的问题或困扰全都说出来，这是很重要的，因为这会充分暴露顾客在社交中微小事项隐秘潜在的职场风险得到解决。在这样的沟通之后才能进入正式的订单程序，就是挑选面料决定衬衫的部件样式。通常情况下，师傅会和顾客一起填写一个衬衫定制单。订单上面除了记录顾客的基本信息、数据信息外，还有衬衫领型、卡夫、门襟、袖形、口袋、下摆、纽扣、绣字等样式选项供顾客选择。定制单样式选项的设计能够反映出定制的专业化水准，不是项目越多越好，而是"精准到位，恰到好处"。不过每家店铺的定制单格式有所不同，比如图文对应形式、文字描述和产品标号结合形式，还有附加展示部件实物的形式。当然无论哪种形式对衬衫订单项目准确、规范、专业化的信息传递是其主要的目的，是根据顾客衬衫的穿着场合范围来决定的（图 1-10、图 1-11）。

订单测量尺寸是每个顾客着迷的步骤，需要测量胸围、腰围、臀围、臂长、背宽、颈围等数据，至于其他细节特征，经验丰富的师傅也会根据目测记录下来。取得所需数据之后，全定制需要单独打板，裁剪制作。如果是条纹、格纹或图案面料时，要遵守特定的裁剪顺序以保证对条对格对图案完美地拼合，这要在订单上有所提示。

在衬衫试穿这个环节上要确定 5 个要点。第一，扣合领座部位的纽扣后还可容纳一根手指（约 1.5cm）的尺寸；第二，肩袖长务必适中以免弯曲臂肘后感到太紧绷，理想的尺寸为伸直手臂后卡夫端部距离拇指根部约 2cm；第三，最适当的肩宽尺寸为手臂往下伸直时衣袖和衣身缝合处正好位于肩骨最突出处，但穿着合身衬衫时，肩稍微宽更适当；第四，衣身轮廓、胸围一带避免太宽松，垂坠构成漂亮的轮廓，胸围比腰围应更合身；第五，衣长应该能够防止在运动时下摆从裤腰处滑出来，适当的盖住臀部为最佳。最后因为每人的肩斜各不相同，试穿时可以在此做补救工作。

全定制钉纽扣锁扣眼一定是手工完成，男装奢侈品牌布利奥尼（Brioni）学徒学习 2 年后才能定制扣眼，这是一种怎样的体验？衬衫纽扣针脚可以是两条平行线，也可以是两条交叉线。缝纫线在 4 个孔之间交叉的穿行方法也只能用手工完成。还有一种更讲究的形式，被称为"佛罗伦萨百合徽针法"，缝纫线总是从 1 个孔出发，轮流地穿过其他 3 个孔，这样形成一种有 3 个顶点的花形。就这一点足以说明定制衬衫如何成为绅士的服饰必备品，可见手工锁扣眼的花样更成为标榜衬衫定制品质的标签。

最后熨烫是需要达到专业水准的。然后包装，试穿后四五天之内就可以领取衬衫了，也可以选择邮寄。

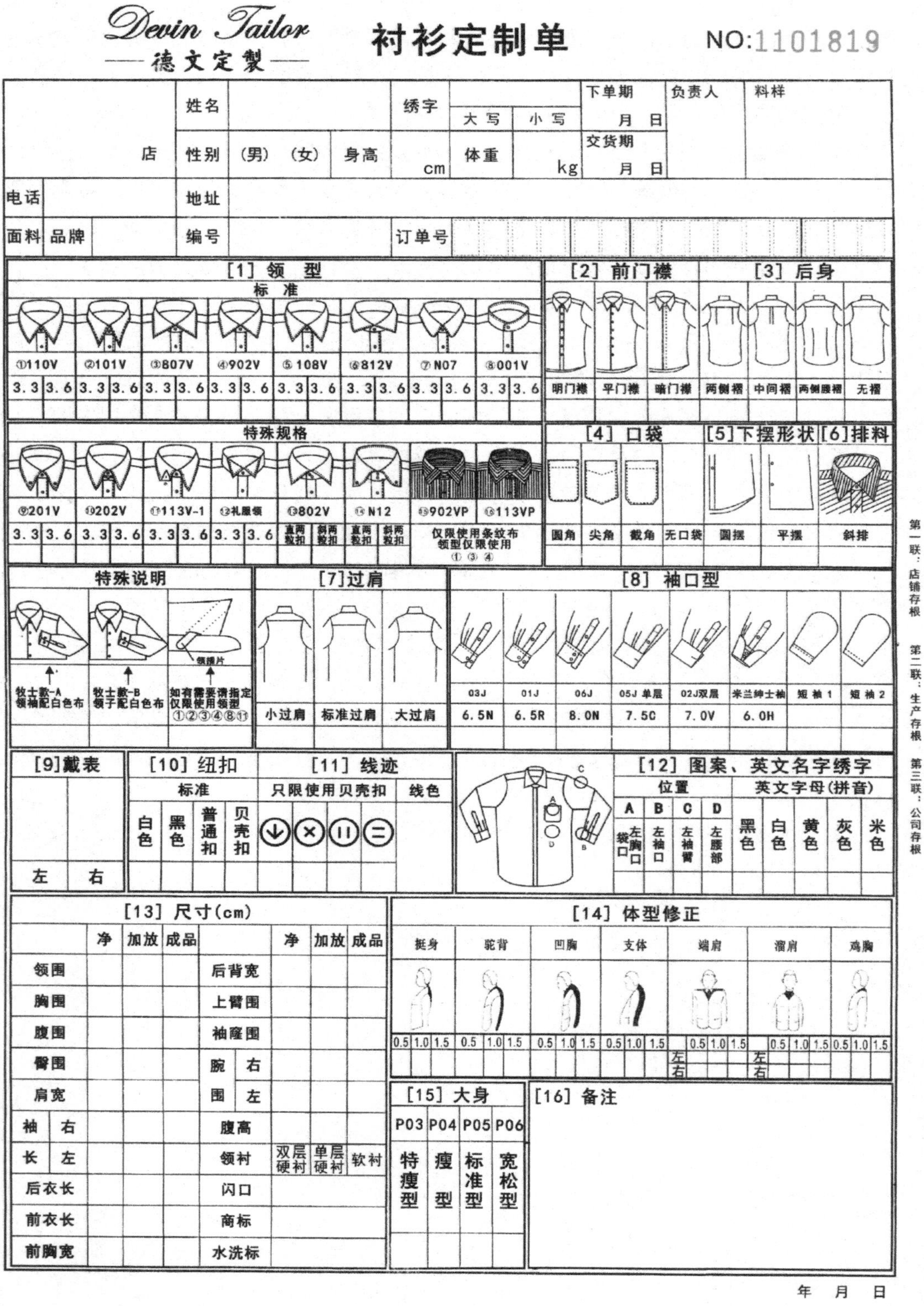

Devin Tailor 德文定製 衬衫定制单 NO:1101819

| 店 | 姓名 | | 绣字 | | 大写 | 小写 | 下单期 月 日 | 负责人 | 料样 |
| | 性别 (男)(女) 身高 cm | | | | 体重 kg | | 交货期 月 日 | | |

| 电话 | | 地址 | | |
| 面料 品牌 | | 编号 | | 订单号 |

[1] 领型

标准

①110V ②101V ③807V ④902V ⑤108V ⑥812V ⑦N07 ⑧001V
3.3 3.6　3.3 3.6　3.3 3.6　3.3 3.6　3.3 3.6　3.3 3.6　3.3 3.6　3.3 3.6

特殊规格

⑨201V ⑩202V ⑪113V-1 ⑫礼服领 ⑬802V N12 ⑭902VP ⑮113VP
3.3 3.6　3.3 3.6　3.3 3.6　3.3 3.6　直两 斜两 直两 斜两
颗扣 颗扣 颗扣 颗扣

仅限使用条纹布 领型仅限使用 ① ③ ④

[2] 前门襟 [3] 后身

明门襟 平门襟 暗门襟 两侧裥 中间裥 两侧腰裥 无裥

[4] 口袋 [5] 下摆形状 [6] 排料

圆角 尖角 截角 无口袋 圆摆 平摆 斜排

特殊说明

牧士款-A 领袖配白色布
牧士款-B 领子配白色布
如有需要请指定仅限使用领型 ①②③④⑪
领顶片

[7] 过肩

小过肩 标准过肩 大过肩

[8] 袖口型

03J 01J 06J 05J单层 02J双层 米兰绅士袖 短袖1 短袖2
6.5N 6.5R 8.0N 7.5C 7.0V 6.0H

[9]戴表

左　右

[10] 纽扣

标准

白色 黑色 普通扣 贝壳扣

[11] 线迹

只限使用贝壳扣　线色

↓ ✕ || =

[12] 图案、英文名字绣字

位置

A 袋口　B 左胸口　C 左袖臂　D 左腰部

英文字母(拼音)

A B C D　黑色 白色 黄色 灰色 米色

[13] 尺寸(cm)

	净	加放	成品		净	加放	成品
领围				后背宽			
胸围				上臂围			
腹围				袖隆围			
臀围				腕 右			
肩宽				围 左			
袖 右				腹高			
长 左				领衬 双层硬衬 单层硬衬 软衬			
后衣长				闪口			
前衣长				商标			
前胸宽				水洗标			

[14] 体型修正

挺身	驼背	凹胸	支体	端肩	溜肩	鸡胸
0.5 1.0 1.5	0.5 1.0 1.5	0.5 1.0 1.5	0.5 1.0 1.5	左右 0.5 1.0 1.5	左右 0.5 1.0 1.5	0.5 1.0 1.5

[15] 大身

P03	P04	P05	P06
特瘦型	瘦型	标准型	宽松型

[16] 备注

年 月 日

第一联：店铺存根　第二联：生产存根　第三联：公司存根

图 1-10　德文定制衬衫定单样本

ASCOT CHANG

NO：HZHL-4506

ACNO	14052	纸样编号		原单号		姓名	陈聿君(新客)		
电话	15088256789								
性别	男	来店日期	2014-07-07	交货日期	2014-07-13	身高(cm)	167	体重(kg)	80

定制尺寸				成衣外加尺寸		后领高度	正常
领大	16 # 17 1/4			两头		松身程度	
前长	28			上口		款式尺寸备注：领，门襟狭切线，后长比前长短1/2，后收腰省。	
后长				前领高			
肩宽	18	左		后领高			
		右		领尖长		体型说明：挺胸：中，左肩低：3/8，上放：4，中放：4	
左袖长	22 1/2			前胸			
右袖长	22 1/2			前上		是否有西装：有	
(短)袖长	8 3/4			前中			
袖头(实)	13 # 无			前下			
袖管(实)	11 # 无			后上背			
左卡夫	7 # 9 3/4			后上			
右卡夫	7 # 9 3/4			后中			
(短)袖口	14 1/2			后下			
胸围	40 1/2 # 无			袖头(直)			
肚围	35 # 无			袖管(直)			
臀围	40 # 无						
肚高							

面料编号	件数	类型	价格	领子	袖子	衫前/后/脚款式	口袋	绣字	备注
ACNP-180111-589	1	短袖	2080.00	领型 3 插骨 活动 领硬度 硬	袖型 平口	衫前 明门 衫后 无褶 衫脚 圆角	袋型 无 数量 无		

服装原价	特殊尺寸	绣字	加急费	来料加工	纽扣	其他费用
2080.00	0.00	0.00	100.00	0.00	0.00	0.00

KL	实价	已收定金	未收余款	经手	量体	其他
10	1972.00	0.00	0	姜辉,何燕妹	叶建照	新做

价款备注：
地　　址：杭州大厦B楼2楼恒龙专柜　　　　　　　　　　　　　　电话：0571-85054920

尊敬的顾客：若您所订面料已售完，我方会及时通知您换料或退货。面料、款式一经顾客确认，不得更改。顾客签字：

图 1-11　ASCOT CHANG 定制衬衫定单样本

第二章

衬衫的历史信息与
语言系统

按照美国当代社会学家保罗·富赛尔（《格调》的作者）的说法，如何判断对方是不是绅士，看他是不是穿的衣服层数更多，如果能看到衬衫外边有背心，背心外边有西装，西装外边有外套，他一定是个准绅士，一个英国绅士。我们反推富赛尔的说法，脱掉外套，脱掉西装再脱掉背心，只剩下衬衫仍然没有改变他是个绅士，而一开始就没有衬衫或只脱掉衬衫，其他都在保留着，穿多少层也挽救不了与绅士无缘的现状。可见能不能驾驭衬衫是判断绅士的重要标志，因为衬衫隐含着更多更深的绅士密码。了解了衬衫的这些历史线索，发展脉络、细节信息以及附属品的语言配置，也就掌握了衬衫着装密码的钥匙。而这一切都发生在内穿衬衫上，它的最大特点是它必须与外衣、配饰在一定程式化的规范下进行组合，这就构成了衬衫内穿和外穿的格局。内穿衬衫是作为配服配合礼服或西装使用而产生不同的搭配风格和社交规范。这就是保罗·富赛尔"准绅士必多层装备"隐秘的衬衫机制和个人修养。而外穿衬衫并不是在绅士服菜单中不需要，它是不依赖于主服可以单独穿用的休闲衬衫。搭配方式可以独立也可以与休闲服组合形成户外休闲生活的个人风格。因此，内穿和外穿衬衫及附属品的语言系统、特质是本章探讨的主要内容（图 2-1）。

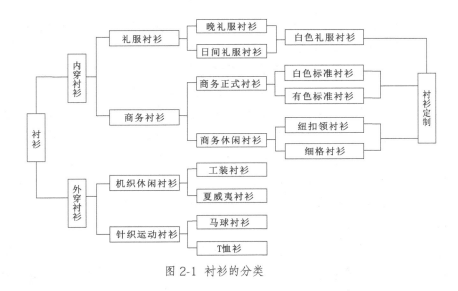

图 2-1 衬衫的分类

一、礼服衬衫的语言系统

　　内穿衬衫是指配合礼服和西装的内衬服饰，故分为礼服衬衫和商务衬衫两大类。以此决定了这种衬衫可以有体现着装品位的附属品。主服的选择是决定着装正确与否的范畴，而附属品则是彰显个人着装修养的社交手段，通常它们的规划和衬衫有关，如袖扣、领带、饰巾等。

（一）不同礼服衬衫的定位

　　所谓正式衬衫（Formal shirt）就是指正式礼服专用的衬衫。正式礼服（Formal wear）根据惯常的社交等级大体有四种专配的正式衬衫。第一晚礼服燕尾服专用、正式晚礼服塔士多礼服（Tuxedo）专用、第一日间礼服晨礼服（Morning）专用和正式日间礼服董事套装（Director's suit）专用。由此就产生了与它们对应的礼服衬衫名称和标志性的部件元素。

　　燕尾服衬衫胸部一定要有白色凹凸织物裁剪成U字形的硬胸（stiff bosom），并将这一部分利用一种古老的上浆工艺成为硬挺效果，不过现代技术的发达有现成的这种礼服面料（图2-2）。同样领子和卡夫也都要使用相同手法。经典领型为翼领（Wing collar 或 称 为 Bold

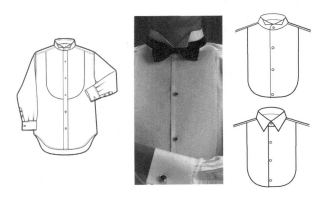

图 2-2 燕尾服衬衫独特的鱿鱼胸

wing collar）。卡夫形制是用袖扣（Cuff links）固定方式的双层或单层卡夫形制（Single cuff）。这样的衬衫才被定义为正式晚装衬衫（Evening shirt）。还有一种一定会用在燕尾服衬衫中的组合式衬衫，也是最能表达礼服衬衫传统而考究的样式，其墨鱼形状的胸饰和领子可拆装的一种正式衬衫。在颜色问题上，作为礼服衬衫除白色之外别无选择。布料也仅限于高支纱的棉布、亚麻布或高品质的扩绒棉（Cotton broad）。

塔士多礼服衬衫是正式衬衫的一种，为塔士多礼服（Tuxedo）专用衬衫。胸部褶裥为标志性特征，传统工艺是将褶裥部分上薄薄的浆使其变硬，也是它作为全定制的工艺特征（图2-3）；衣领为翼领或者企领；最经典的是双层卡夫（Double，也称法式卡夫），颜色、材料以燕尾服衬衫为基准。

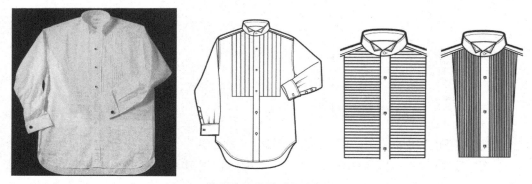

图 2-3 塔士多礼服衬衫与胸褶裥

晨礼服衬衫与晚礼服衬衫最大的不同就是素胸，即胸部没有任何装饰（Plain front），素胸衬衫就是由此而来。衣领使用翼领（Wing collar）或企领（Regular collar），翼领因为有着最好传统氛围的魅力是礼服衬衫（White shirt）惯用的领型。袖口是双层或单层卡夫（Single），颜色、材料以燕尾服衬衫为准。与日间礼服搭配的还有一种可拆装领子的衬衫，由单独领子和小立领衬衫组合使用并可以拆装（图2-4）。这种可拆卸的领子也有翼领和企领两种基本形式。使用时通过领子和衣身在领部对应的装置完成，再通过背心、外衣和领饰的装扮流程才能完成全部程序，不能单独使用。董事套装衬衫与晨礼服衬衫从形制到用法完全相同，因为董事套装是晨礼服的简装版，都是日间正式礼服。

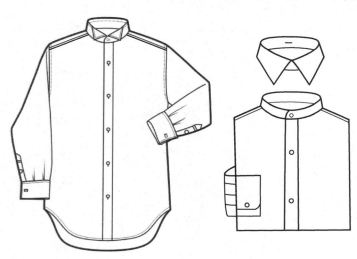

图 2-4 晨礼服衬衫与可拆装领（晨礼服和董事套装通用）

（二）礼服衬衫细节类型

礼服衬衫的细节除了功用，最大的作为是对礼仪级别、社交取向、个人修养和风格的诠释，最典型的是领型、胸饰和卡夫。

1. 领型

在礼服衬衫中保持传统风格的领型是高立领、翼领和可拆装领，这些领型几乎在礼服衬衫之外不使用，以示庄重高贵；企领为通用领可并用。高立领（Single collar）实际是今天所有翼领到企领的祖先（图 2-5）。它是由领腰和领面合成一体

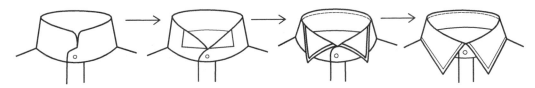

图 2-5 从高翼领到翼领再到企领的演变过程

的立领，采用上浆工艺使之又高又硬。它是从 19 世纪后半叶到 20 世纪初流行的礼服衬衫领，并成为绅士衬衫的标准被固定下来。日本明治维新的西化运动中它被作为鹿鸣馆时代的绅士风尚，在亚洲，日本是率先接受这样传统礼服衬衫标准样本的。历史上有活领（Poke collar）、翼领（Wing collar）、高直领（Dog collar）、可翻领（Turnover collar）、立式硬领（Stand-up collar）等称谓。在高立领的同类立领中已经被历史定型的又有尼赫鲁领（Nehru collar）、拉嘉领（Raja collar）、西点军校领（West point）、毛式领（Mao collar）、满洲领（Mandarin collar）、军装领（Military collar）、中式领（Chinese collar）等。而这种领型最后是以翼领的形式，在 19 世纪 60 年代后半期才形成绅士社交文化表达高贵优雅的标志性符号，而在今天成为即使是全定制也不过凤毛麟角了。高立领的反义词为低领（Low collar）。从高立领演变而来的翼领，前端形成两翼而得名。它是古典衬衫领的典型，成为包括燕尾服、晨礼服、塔士多礼服等正式礼服衬衫的传统样式。翼领又有大小、方圆之分。其中标准翼领为方角，圆翼领（Round wing collar）是翼领的圆角形式；大翼领（Bold wing collar）是正式衬衫翼领的夸张设计，多用在晚礼服衬衫中。翼领也称为蝴蝶领（Butterfly collar）。可拆装领（Separate collar），又称为双层领（Double collar）。其工艺是采用传统的上浆技术，成为今天全定制礼服衬衫的特别服务项目（图 2-6）。这些是从 19 世纪末到 20 世纪初成为礼服衬衫的经典样式。反义词为合缝领（Attached collar）。后来又出现一种半软领（Semi-stiff collar）的衬衫领，是薄上浆（Semi-starched collar）的一种特殊工艺，也是上浆领到现代风压衬硬领工艺的过渡技术。

图 2-6 翼领的基本类型

2. 胸饰

晚礼服衬衫的胸饰（Bosom），不是简单的装饰，如图 2-7 所示，它有对传统信息、交往等级、个人修养等社交规则的提示。如燕尾服衬衫的胸饰和塔士多礼服衬衫的表现形式不同，说明了它们的社交规格不同。前者用 U 形的浆制工艺，并配合专用的背心使用。燕尾服衬衫的胸饰称为硬胸（Stiff bosom），又俗称乌贼胸、鱿鱼胸等。将胸饰部分裁剪成鱿鱼形状并将这一部分采用传统的上浆工艺制作的正装衬衫成为燕尾服衬衫的标志性元素之一，类似语是 Starched bosom，说明它的规格更高。后者的胸饰褶裥胸（Pleated bosom）是塔士多礼服衬衫的胸饰标志性元素，是将褶裥装饰配在衬衫胸部的设计。在工艺上用褶裥代替了复杂的上浆技术，且在褶裥装饰中根据风格和个人喜好有细褶、粗褶、竖褶、横褶等变化，这说明它比硬胸衬衫规格要低。配合娱乐版塔士多礼服惯用的衬衫胸饰是花边胸（Frilled bosom），它带有多层波纹装饰的胸饰，这说明它比带褶裥胸饰的衬衫规格要低，因为它更花哨。值得注意的是，无论哪种胸饰，在晚礼服衬衫之外是不可以用的。日间礼服衬衫就不允许有胸饰，甚至胸袋也不需要。

图 2-7 胸饰的形制对社交规则的暗示

3. 门襟

门襟对于礼服衬衫，讲究内敛规整，也是由优雅的绅士文化继承而来，因此礼仪等级越高，门襟越单纯。贴边门襟（Panel front）是标准衬衫常用的两种门襟形式之一，主要采用明贴边明线工艺，又有暗扣和明扣之分，暗扣主要用于晚礼服衬衫，明扣形式为通用。叫法如暗扣襟（Fly front），意思是贴边门襟的暗扣形式。暗襟明扣（French front）与明襟相反，是将门襟贴边翻折到内侧的形式。反义词是贴边门襟（Panel front）和明襟（Placket front）。这种形式在礼服衬衫中也被普遍使用（图 2-8）。

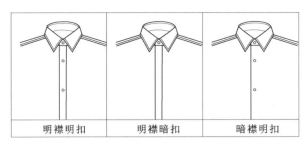

图 2-8 门襟类型

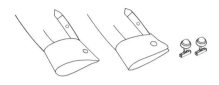

图 2-9 单层、双层卡夫及袖扣

4. 卡夫

卡夫和领子可以说是体现礼服衬衫灵魂的两大要素。卡夫分单层卡夫和双层卡夫（图2-9），但礼服衬衫只采用前两种。单层卡夫（Single cuff）只能用单独袖扣来固定，可以说是双层卡夫的简装版。双层卡夫（Double cuff）是单层卡夫的豪华版。它比单层卡夫宽1倍翻折而成双层且两对扣孔重合，使用专门的袖扣从外端同时穿过四个扣孔固定，而成为最华丽卡夫，所以是正式礼服衬衫的标志性元素。它诞生在法国，亦称为法式卡夫（French cuff）。桶形卡夫（Barrel cuff）是美语单层卡夫的称谓。

5. 曲线下摆

曲线下摆（Tailed bottom）是标准内穿衬衫的下摆样式，其前短后长的设计是基于下摆放入裤腰内部后摆不易滑出的考虑。因此，它成为区别内穿和外穿衬衫的标志（图2-10）。

图 2-10 前短后长的曲线下摆

二、公务商务衬衫的类型和细节

商务衬衫分为正式衬衫和休闲衬衫两个类别，但都保持着内穿衬衫的基本特征。商务正式衬衫配合一周中常规公务商务西装（包括黑色套装、西服套装）使用。商务休闲衬衫是配合那些非正式公务商务西装（包括运动西装、休闲西装）使用的衬衫，最典型的就是休闲星期五。然而，形成今天这种商务衬衫职场格局的背后有着深厚的历史积淀和丰富的绅士符号的系统。

（一）商务衬衫语言系统

在今天的商务衬衫中有标准衬衫、纯色衬衫、有色衬衫、软领衬衫、锥形衬衫、丝织衬衫、常青藤衬衫、带领扣衬衫、牛津纺衬衫、牧师衬衫等，它们所保持的社交取向都跟它们形成的历史背景有关。标准衬衫的英文为"Dress shirt"，Dress是正统、讲究着装的古老绅士用语。现在是指包括从正式礼服到商务西装规范搭配衬衫的总称。与俗称的白衬衫（White shirt）和企领衬衫同义，其中白衬衫又有 Y shirt 的简称。

纯色衬衫（Solid shirt）是浅色衬衫的别称。White shirt、Colored shirt 也都指此类衬衫。Solid 是指没有花纹和单一色调的意思。与其对应的是浅色衬衫（Colored shirt），简称 Color shirt，是指除了白色以外的单色调商务西装用衬衫。纯色衬衫在 20 世纪 70 年代盛行，被视为称为颠覆"白领"的一切革命。如果说单一浅色衬衫是对绅士传统白色衬衫的一次"颜色革命"的话，那么软领衬衫（Soft shirt）是颠覆衬衫的又一革命。传统衬衫为保持高傲的贵族姿态，"硬领"是最大的特点，但舒适性会大打折扣。于是设计师从妇女衬衫得到灵感推出的柔软型礼服衬衫，它一反硬领硬卡夫的传统将领子和袖头柔软化处理而大大提高了礼服衬衫的舒适性。它发端于 DC（Designer's & Character's），"享受时尚"的热潮使软领衬衫流行，这让绅士社交变得惬意，与 20 世纪 70 年代的有色衬衫流行一样，带来了绅士服的一场革命。同时以伴随衬衫的舒适性为目的出现。锥形衬衫不同于传统的礼服紧身衬衫（Body shirt），这种极端的形态，是上松下紧，这种设计主要基于提高手臂的活动空间而让下摆尽量合体，在下摆放入裤腰内时尽量减少多余的褶量。锥形衬衫（Tapered shirt）由此奠定了现代商务衬衫崇尚"功能主义"的基本形态。这也成为区别外穿衬衫的重要特点。

随着历史的进程，需求在不断增加，衬衫面料的选择也发生了一些改变，丝制衬衫（Silk dress shirt）的出现打破了以往纯棉衬衫的传统。用丝绸面料制成的白色半正式礼服衬衫有纨绔的味道，与黑色套装（Dark suit）和花式塔士多礼服（Fancy tuxedo）搭配被视为半正式夜礼服风格。因为丝绸的过度华丽不适合用在公务商务中，也不适合与正式礼服搭配。而牧师衬衫（Cleric shirt）的出现却为商务社交增色不少。它虽然出自蓝领阶层，但它蕴含的进步精神成为后来商务社交场合受欢迎的衬衫类型。它的衣身为单色（主要为浅蓝色）或者条纹面料，领子和卡夫为白色。初期领型是圆角企领，现多用各种尖角企领。

以带领扣衬衫和牛津纺衬衫为典型的常青藤衬衫文化打造了一个优雅现代 商务休闲衬衫帝国。

（二）商务衬衫领型与卡夫的演变与规制

商务衬衫最具魅力的地方就是领型的变化与规制所定的优雅的博弈。商务衬衫有硬领和软领两种使用范畴。硬领（Hard collar）以高挺为原则，两个领角的距离大小为变化要素，使用现代风压衬技术达到硬挺效果已经取代了传统的上浆工艺。像翼领（Wing collar）这样的传统领也属于硬领。软领主要也指用于现代风压衬技术完成的标准衬衫领。包括带领扣领（Button-down collar）、扣襻领（Tab collar）、饰针领（Pin collar）等，但需要饰件作为辅助来托起领带，这是讲究的商务衬衫的标志。

1. 硬领

　　硬领的标准领型称为正式衣领（Regular collar）或企领（Turndown collar），这是标准衬衫的标志性特征，其领角长度和开口大小都不极端，不过它的标准随着时代的变化而改变。根据领型角度大小的不同称谓有如下几种。

　　窄开领（Narrow spread），角度在 60 度左右的尖角领型。

　　中等开领（Medium spread），是指领角之间 90 度左右的开领，也是标准衬衫的开领特点。

　　广角领（Wide spread）是在 100 度到 120 度之间，最具代表的是温莎领（Windsor collar）。同时还伴随一种"温莎领结"的流行，这种组合便成为今天公务商务首选的经典样式被固定下来。

　　开角领（Spread collar），可以说是温莎领的现代版，开角一般在 90 度到 100 度之间，小于 60 度的统称为窄开领（Narrow spread）。

　　宽开领（Wing spread），是广角领（Wide spread collar）的变形版，领角线呈缓慢的曲线。

　　平角领（Horizontal collar），是广角领的极端形式。开角近似于平直状态。它的反向变化是尖角领系列。例如长尖角领（Long point）领角在 60 度以内，类似语有 Barrymore collar、Lounge collar、Polo collar、Pointed top collar；反义词为短角领（Short point）。

　　巴里摩尔领（Barrymore collar），是长尖领的明星版，领腰较低领角尖长，曾由好莱坞美男子明星约翰·巴里摩尔（John Barrymore）的推崇而得名，特别在美国成为时尚的俗语。不过这种领型过于极端而在绅士衬衫中少有使用。

　　圆角领（Round collar），是相对尖角领的圆领形式，别名为 Round-top、Round-tip。在 19 世纪末流行的经典领型，多为大圆形领（Round collar，图 2-11）。

标准领　　温莎领　　广角领　　圆领　　尖角领　　巴里摩尔领

图 2-11 企领的基本领型

　　企领还有网球领（Tennis collar）和缝合领（Attached collar）的说法。网球领是标准领（Regular collar）成为商务衬衫领型之前的叫法。从古老的网球衫继承而来，同时这项运动也是标准的绅士运动而成为绅士服的专用语。因此"网球领"至今是布鲁克斯兄弟公司的专门用语。同义语为 Plain collar。缝合领是针对普通企领结构是由领面和领座缝合而成的描述语。

2. 软领

在软领范畴中，即使使用风压衬技术，其硬挺程度也远达不到硬领效果，它的主要目的是保证亚型软度而不起皱，形成便于辅助装置的复合企领形制。这就是固领带企领（Pin-or-not collar），又分饰针领和扣襻领两种，是标准领背面固领装置领型的美语。

饰针领（Pin point collar）是由企领的穿孔和穿棒组装成型，操作方法在系上领带后用领针（Collar pin）通过穿孔固定，恰好让领带和领子结合的天衣无缝且立体感十足。它于20世纪50年代初在美国流行，成为今天商务衬衫表达强势权威的讲究。领夹（Collar clip）的功能与饰针领一样，只是构造简单，领夹只需要配合软领，是插入式的固定器，功能是用于托起领带结与饰针领达到同样的效果。

扣襻领（Tab collar）是饰针领的简装版，它们功能相同只是它更朴素，多用在惯常的商务衬衫中。装置是在领子背面附有小的扣襻，当领带扎好后，将扣襻插到领带结头的背面托起，再用扣襻的子母扣扣住。在商务衬衫中，这三种复合型软领各有玄机。美国人发明的饰针领衬衫，饰针或领夹多为贵金属，多有显富之感，这不是英国绅士文化的传统，因此威尔士王子选择了朴素的扣襻式，它的内敛与节俭反而被现代绅士普遍接受，威尔士王子领（Prince of Wales collar）也称为一种优雅绅士的职场密语。它的描述语是开关襻领（Snap tab collar）。同类型的软领还有圆孔领（Eyelet collar），也称针孔领（Pinhole collar）。使用领棒（Collar bar）穿过圆领孔使扎好的领带托起，有立体感，它通常配合牧师衬衫。领棒是饰针领的异称，字面意思是棒状的领部固定器，是通过穿棒的构造（类似于螺丝和螺丝母结构），穿过针孔领（Eyelet collar），达到托起领带和固定领子的目的（图2-12）。

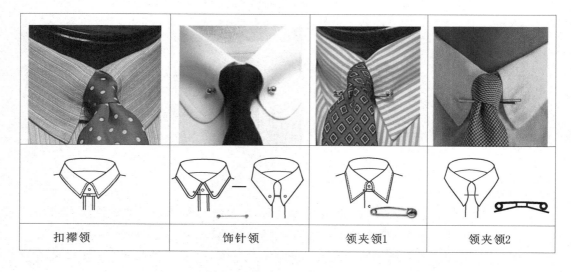

| 扣襻领 | 饰针领 | 领夹领1 | 领夹领2 |

图 2-12 复合装置软领

　　商务衬衫仅次于领型的标志性元素是卡夫。不过，商务衬衫的卡夫处在礼服衬衫和休闲衬衫之间，在卡夫的选择上既宽泛又灵活，它除了可以使用礼服衬衫的双层卡夫之外，还可以选择单层卡夫、单层与桶形两用卡夫和桶形卡夫。两用卡夫（Convertible cuff），即有筒形卡夫的固定扣，也可以用单独袖扣固定的两用卡夫。当然，它们所表达的社交取向不同，装置越复杂社交的正式程度越高（图2–13）。

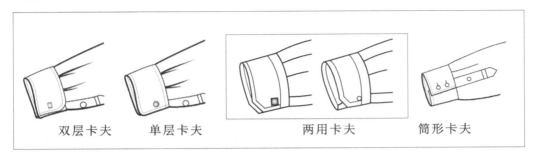

双层卡夫　　　单层卡夫　　　　　两用卡夫　　　　　筒形卡夫

图 2-13　商务衬衫卡夫家族

三、商务休闲衬衫类型

　　商务休闲衬衫完全不是日常生活中理解休闲的意思，它通过历史和绅士文化的积淀形成了特定的称谓和语言系统，如运动衬衫、常青藤衬衫、花式衬衫、纽扣领衬衫、牛津纺衬衫等，有时这些元素在一件衬衫中集中表现出来，同时选择及组合方式又充满了玄机。

（一）从苏格兰细格到牛津纺

　　运动衬衫（Sports shirt）是传统意义上配合休闲西装（Jacket）和运动西装（Blazer）的非正式衬衫，它的标准配饰就是阿斯科特领巾。代表性的是细格子衬衫，也称花式

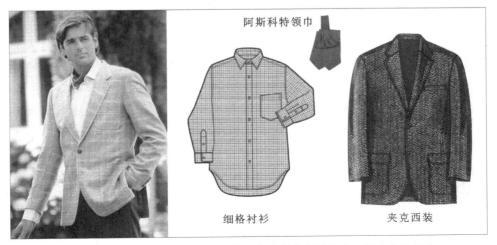

阿斯科特领巾

细格衬衫　　　　　夹克西装

图 2-14　细格衬衫、夹克西装和阿斯科特领巾诠释着英国绅士田园文化的经典

衬衫（Patterned model），大部分是与防寒夹克西装、毛衣等冬季休闲西装一起穿着（图2-14）。这些来自英国绅士田园文化的传统，被美国常青藤的贵族们继承了下来并发扬光大。类似语有 Casual shirt、Outer shirt，反义词为 Dress shirt（正式衬衫）。

阿斯科特领衬衫（Ascot shirt）就是美国人将阿斯科特领巾与细格衬衫结合设计的休闲衬衫。布料为维耶勒法兰绒，典型的花纹是苏格兰小方格。单色的维耶勒法兰绒、印花的雪莉布料（薄羊毛料的一种），或者丝绸材料也成为表现不同风格的选择。维耶勒法兰绒的阿斯科特领衬衫，最适当的组合是与粗花呢西装夹克（包括配天鹅绒领夹克）和法兰绒运动西装（Blazer），它们被视为常青藤风格的黄金搭配。布鲁克斯兄弟最早在1936年采用"拿来主义"的手法，将阿斯科特领巾和细格衬衫组装起来而推出。最早的蝉形阔领的阿斯科特衬衫（Stock collar），不被市场看好而昙花一现（图2-15）。真正意义上的常青藤衬衫（Ivy shirt）是正有领扣衬衫。它的经典面料是浅蓝色牛津布，后又加入了各种单色、绒面格子等。由布鲁克斯兄弟品牌创立的领扣衬衫（Button-down shirt），原本是从英国马球职业选手的马球衬衫演变而来，领尖设纽扣是为防止马球运动时领子

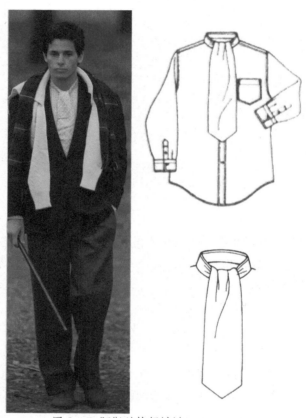

图 2-15 阿斯科特领衬衫

易被风刮起而考虑的，这竟成为布鲁克斯兄弟公司标榜优雅休闲的标签。在设计之初就坚持在布鲁克斯兄弟公司内部使用马球领衬衫（Polo collar shirt）这个名字。这种称谓在公司最早的记录是在1901年左右，开始流行是在1912年，成为常青藤联盟的必需品则是1926年秋天的事了。这种绅士校园文化的推动也让布鲁克斯兄弟公司成为可以引领世界的绅士品牌。后来又推出了牛津布领扣衬衫（Oxford button-down）的运动版，其标志性廓型为箱型和肥袖型（Fullbody & full skirt model）。颜色除了浅蓝色还有白色、各种浅色调和细格的花式衬衫（Patterned shirt）。这种格局基本就是今天商务休闲衬衫优雅风貌（图2-16）。

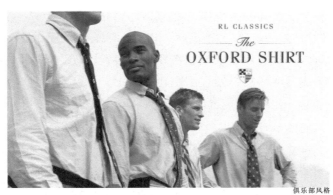

俱乐部风格

商务休闲风格

图 2-16 牛津布领扣衬衫商务休闲的经典

（二）商务休闲衬衫的常青藤语言

　　商务休闲衬衫领均为标志性软领系统，是由布鲁克斯兄弟创造的，可以说它是以此将美国常青藤文化的优雅运动理念推向了世界。虽然具有代表性的领型有阿斯科特领、纽扣领和小衣领，但最具有经典常青藤风格并影响深远的是纽扣领衬衫，它几乎成为今天商务休闲衬衫的标志（见图 2-16）。BD 是纽扣领（Button-down collar）的英文缩称，Button-down 中的 down 是用纽扣固定的意思。标准纽扣领（Rolled button-down）也称 Traditional Button-down，它有着平缓曲线的特征，是最典型的领型。原本它是由传统的机制马球衫的领子所得灵感制成的运动衬衫领。这种领子的特征呈微妙的翻卷（Roll），最佳平衡状态是在纽扣扣住时，一个便士硬

标准型

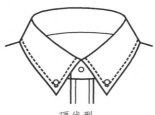
硬线型

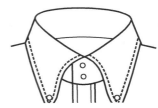
尖领高腰型

图 2-17 三种典型纽扣领

币恰恰能够塞进领子最高处的程度。除此之外，纽扣领还有两种典型风格，硬挺线条风格(Flat Button-down)和尖领高腰风格(High Rolled Button-down)(图2-17)。事实上在今天马球衫被惯用罗纹领，在罗纹领没有出现之前，传统衬衫在马球赛的时候为了不受干扰而用纽扣将领面固定在衣身上，因此它与马球衫的罗纹领是有本质区别的。运动领（Athletic collar）表面上看是纽扣领的同类语，事实上它对运动精神的象征意义远大于实际意义，因此它是商务休闲的标签，表达的是进取、争先的团队精神，而不是用它参加某个运动项目。这是今天商务休闲衬衫看重"纽扣领"的价值所在。

与纽扣领同时发展的一定还有卡夫，这也是布鲁克斯兄弟的创举，即可调节卡夫（Adjustable cuff）成为商务休闲衬衫的标准卡夫，在卡夫上设两个纽扣，一个主扣、一个附扣，附扣可以调整袖口的松度（图2-18）。

图 2-18 调节扣卡夫

四、外穿衬衫的美国情结

外穿衬衫（Outer shirt）容易混同商务休闲衬衫，事实上它们是完全不同的两种类型，它是户外单独穿着的一类度假服装，虽然是由内穿衬衫演变而来，客观上已成为衬衫式的运动外衣的总称，这个传统也是由历史形成的，例如 C.P.O 衬衫、斯塔格衬衫（Stagg Shirts）（图2-19）、短夹克衬衫等。类似语为 Over shirt、Shirt topper，反义词为内穿衬衫（Inner shirt）。在外穿衬衫中的内外穿衬衫（In or out shirt）是既可将衬衫的下摆塞进裤腰中表示偏正式，也可将其露在裤子的外面作为单独的上衣使用，有暗示度假的意味，但多用在外穿衬衫上。毫无疑问，

C.P.O 衬衫　　　　　拉尔夫·劳伦的斯塔格衬衫

图 2-19 外穿衬衫的度假风格

外穿衬衫色彩自由随意，极具功能、舒适的特点，使心情放松，是融于自然的最好表达途径，而浅色衬衫是商务衬衫的专属色，以深色命名的深色衬衫（Deep shirt）是休闲衬衫的暗示，诸如黑色、藏青色、法国蓝、巧克力色、深绿色、深灰色等，成为以颜色命名的外穿衬衫，也称为 Dark shirt。

深色衬衫一般是指单一的深色调。对功用追求的外穿衬衫，西部衬衫（Western shirt）则首当其冲，它是以刺绣和花式贴袋为特征的休闲衬衫，也被称为花式衬衫、牛仔衬衣（Cowboy shirt）和牧场衬衫（Rodeo shirt）等。

粗棉布衬衫（Dungaree shirt）是以布料特性命名的外穿衬衫。它是用经靛青色染的藏青斜纹棉布（6~8 盎司）所制成的休闲衬衫，肥袖箱式廓型，胸部贴袋分为有盖和无盖系扣的两种类别。

在外穿衬衫中强调野外探险运动的衬衫是休闲衬衫（Leisure shirt），也称运动衬衫。它既强调面料的耐用性和细节功用设计，包括大号的有盖贴袋、袖袋、肩襻等，猎装衬衫（Safari shirt）是这种衬衫的代表。它以亚麻和薄棉布材质为主，多为半袖的肩襻和有袋盖的花式贴袋是其明显特征，流行于 20 世纪 60 年代末 70 年代初。

在外穿衬衫中最通用的要属工作衬衫（Work shirt）了，或许是由其而得到灵感在外穿衬衫中最通用的要属工作衬衫（Work shirt）了，或许是由其而得到灵感设计的运动衬衫。布料以斜纹粗棉布和蓝斜纹布为首的棉华达呢、起绒布、厚棉织品、丝光卡其布、条纹布等结实的棉织物。工作衬衫虽然多以牛仔衬衫、猎装衬衫的款式出现，又因为不同工人的使用而出现不同的名称，如码头工衬衫（Dockers shirt）、杂役兵衬衫（Fighting shirt）、农夫衬衫（Farmer shirt）、樵夫衬衫（Lumberjack shirt）、木工衬衫（Carpenter shirt）、加工者衬衫（Butchers shirt）、园艺衬衫（Plantation shirt）等，但它箱型肥袖、双胸大贴袋的基本形制是永远不变的（图 2-20）。

牛仔衬衫　　　　　　猎装衬衫　　　　　　杠衬衫

图 2-20 外穿衬衫历史中的经典

在外穿衬衫中，夏威夷衬衫是男人衣橱中带来轻松和幽默感的丑角，但它是夏季度假衬衫的经典，是因为它充满着传奇的历史。夏威夷衬衫（Aloha shirt）表现为夏威夷波利尼西亚群岛的民族风情，以开襟和半袖的鲜艳印花图案为特色。印花的主题大多为热带植物图案。同类语是 Hawaiian shirt（夏威夷风格衬衫）。这种衬衫以时装的形式初次登场是 20 世纪 30 年代，由于第二次世界大战后的 1946 年美国总统杜鲁门（Harry S. Truman）的喜好而使其在美国大众化。20 世纪 70 年代后期再次被时尚界推崇而复兴一直流行到现在（图 2-21）。与夏威夷衬衫风格同类型的还有

卡巴纳衬衫（Cabana shirt）、沙滩服等，开领、半袖、两侧开衩和贴袋为特征的印花衬衫和同质地的短裤组合被称为"太阳一族"，在 20 世纪 50 年代盛行。

外穿衬衫的领型由于不系领带与商务休闲衬衫领型不同而完全脱离风压衬技术的软领范，无论是

图 2-21 夏季度假衬衫的经典夏威夷衬衫

企领还是翻领都采用纤维纸衬技术而半柔软无型。翻领（Open collar）是指领面和领座连体裁剪的领形，它是夏威夷衬衫的标准领型。同类型的有欧式衣领（Continental collar），以意大利领为典型。类似语有 Middy collar、Angled collar、One-piece collar、Triangle collar。意大利领（Italian collar）是外穿衬衫的一种翻领样式。在 20 世纪 30 年代中期意大利南部卡布里流行的休闲衬衫，由水兵领得到灵感，所以又称水手领（Middy collar）。科曼德领（Command collar）是比较极端的企领而不适合商务衬衫（包括休闲商务）。它领子宽大且施有大约 2cm 宽明线，是第二次世界大战后盛行的大胆视觉风格（Bold look）。衬衫颜色特别喜欢夸张的粉红色和黄色，在其他的蓝色、灰色、绿色等浅色衬衫上，配色彩艳丽的印花领带是当时美国式科曼德衬衫的典型。因此，它被当今视为纨绔衬衫的冒险风格，被准绅士敬而远之。用于外穿衬衫的立领（Band collar）完全与之前的高立领不同，它是一种较窄的立领。原来是用于可拆装领衬衫连接衣领的领基部分，后来被直接用在外穿衬衫上，也被称为 Collar band collar、Low stand collar（底领、领腰）。实际今天衬衫的企领就是由宽立领再加上外领制成的（图 2-22）。

意大利领　　　　　翻领　　　　　　立领　　　　科曼德领

图 2-22 意大利领、翻领、立领、科曼德领

外穿衬衫脱离了单一圆摆样式，普遍使用平直下摆（Square bottom），门襟除了全开襟也有半开襟形式，这是商务衬衫不能使用的。半开襟（Half placket）指门襟上一半为暗扣下一半为明扣的门襟，有时也用前襟像马球衫一样的套头式（Coat shirt）。这些多为常青藤衬衫（Ivy shirt）作为度假风格所特有的花式设计（图 2-23）。

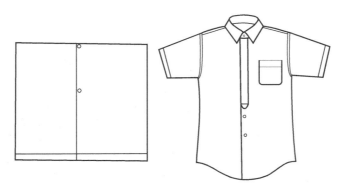

图 2-23 外穿衬衫下摆和门襟

五、衬衫元素的历史信息

1827 年之前衬衫和领子是一体的，衬衫往往脏的不是衣身，而是衬衫领子，而且衬衫领是让名流们注意的地方。这对纽约的特洛伊（Troy）夫人来说却是很厌烦的事，因为她总是要清洗丈夫衬衫领子上的污渍。于是她果断拿起剪刀巧妙地减去了讨厌的衬衫领子部分，然后把一个洗干净的长条布牢牢地系在了衬衫上，这就是第一个可拆卸的领子的诞生。没过多久，特洛伊拆装领风靡了上流社会，甚至可以与有多年历史的其他传说相媲美，可拆装领子也成为绅士服的资本。可见绅士文化追求优雅刺激了绅士衬衫的发展，并创造了一个属于这个集团的文化密码系统。

衬衫是古老的绅士服装之一，经历了许多变化后基本上仍旧保持它最初的样貌。如今，衬衫已经成绅士着装中不可或缺的一部分。中世纪，虽然衬衫作为内衣出现，但它是评判一个绅士社交品质的风向标，亚麻和丝质衬衫也因此获得了极高的赞誉，人们甚至把它当做贵重的礼物或是嫁妆的一部分。事实上现代意义上的衬衫是 19 世纪初开始的。在那时也只有富人才能够经常更换衬衫，白色占统治地位是现代绅士衬衫标志性特征。虽然伦敦的一家服装厂 Brown Davies 自 1871 年起已经开始批量生产全纽扣衬衫，但由于款式过长，穿上去更像是一件男式睡衣。到 20 世纪 30 年代，可拆装衬衫已经变得非常普遍，这种衬衫的领子和卡夫可以每天清洗，而衣身不用。干净洁白的衬衫也由此成为"白领一族"的重要标志。

由于衬衫始终被当做内衣穿着，所以当衬衫能够以独立的形式出现后（可以脱掉衬衫的场合也仅是现代的事情），人们开始将设计的重点放在衬衫的可视部分，比如领子以及其他的一些配饰，像领巾、领带等。欧洲内战期间，男士开始流行短发，衬衫的领子也变得花样翻新了，从法式小平领到意大利宫廷式高领等各色款式应有尽有。到 20 世纪初始，像美国 Arrow 品牌这样的知名衬衫生产商就生产了 30 多种不同衣领样式的衬衫。那么绅士衬衫从礼服、商务服到休闲服的格局基本形成。

实际上在 20 世纪初，衬衫的款式开始迅速时尚化。当人们习惯于进行更多种类的体育运动时，软领衬衫向传统上浆硬领的白色衬衫发出了挑战。衬衫开始简单化，成为我们今天所熟悉的样式，衬衫上的这些变化也在反映人们生活方式在改变，见下表。

现代绅士衬衫的历史轨迹

18 世纪	前开式的地方开始使用纽扣，当时的衬衫大部分都是亚麻制品，用同样的亚麻布包裹着做成包扣。当然，卡夫处也有同样的扣子，极致修饰的风格开始逐渐消失，至多有着宽大的袖子。衣摆水平裁剪，前短后长且两肋之间配有开衩。样式的变化也影响到了质地，人们开始使用更加轻薄的蕾丝和亚麻，见图①	① 18 世纪使用纽扣的衬衫和前短后长的下摆
18 世纪中叶	英国进入产业革命，男装开始向实用改变。18 世纪 50 年代以后浅奶油色的丝质蕾丝也开始使用。这被昵称为"金发女郎"，见图②	② 1750 年衬衫
1771 年	开始流行在衬衫前面饰以荷叶边，名为 chitterlings（猪小肠），意为动物的小肠，见图③	③ 实物为 1780 年，塔士多胸裆样式的前身
19 世纪初	19 世纪，衬衫领子样式依然丰富，若逐一介绍能写一本书。而通过用一句话来形容的话则是，从立领向翻领变化的时代，见图④	高立领　高翼领　大翼领 ④ 1790-1800 年（实物），线图是立领到翼领的变化

续表

1806 年	英国一个时尚王子取代了此前夸张的高圆套领布料，提倡在胸前饰褶的衬衫上戴带金属环的领带。以此为契机，逐渐开始了衬衫的简洁化和近代化。如去除褶边，变成前边开衩边饰分开的地方搭配褶子和折缝，见图⑤。而且纽扣也发生变化。成为现在最流行的礼服衬衫纽扣无可挑剔的金属制的宝石扣，这种优雅的纽扣堪称完美保持至今	⑤ 1807 年胸前开衩的衬衫
1829 年	开始专门销售活络领。这些放入纸箱用绳子系上的领子也被叫作线领。19 世纪 50 年代以后豪华的扣子已经独立出来成为饰扣，见图⑥	⑥ 独立出来成为饰扣的衬衫　　1828 年的礼服衬衫
19 世纪 40 年代	衬衫的两肩上都有拼条布，19 世纪 40 年代产生了过肩，也称育克，见图⑦	⑦ 肩部有拼条的衬衫领
19 世纪 50 年代	衣服下摆的开口处被剪成了圆形，可以说这是一个逐步向穿着便利化发展的时代。为了便于清洗，发明了衬衫部件替代品，领子、胸挡、卡夫这些在衬衫中看得到的部分可以装上或卸下的替代品，见图⑧	⑧ 下摆剪成圆摆的衬衫

续表

1854 年	极端高的立领开始流行，这种领子能遮住一半的人脸。1854 年纸领子开始上市。这种领子是在薄纱织物上贴上纸，用清漆收尾做成的，如有脏污，可以轻轻擦拭。1854 年 7 月 25 日，这个令人佩服的发明取得了专利	
19 世纪末	高度达到 3 英寸的各种样式。犬领圈、立领、莎士比亚领、皮卡迪利领、dakusu 领等是代表性的领型。特别是 dakusu 领，它和如今的翼领很像，见图⑨ 美国发明"外套衬衫"，这是一种前开式扣子从上到下完全开着的衬衫样式	⑨ 19 世纪的高领类型
1871 年	美国位于阿尔德曼布里的布朗 & 戴维斯（Brown&David）公司登记了它的首款全纽扣衬衫，从此进入衬衫的开襟时代（图⑩）。在那之前人们还是套头形式的衬衫	⑩ 今天全纽扣衬衫
20 世纪初	出现了柔软的可以竖也可以翻的领子。舒适方便的衬衫成为趋势（图⑪）	⑪ 20 世纪初衬衫（美国风俗画）

续表

1900 年	布鲁克斯兄弟公司经理琼布鲁克斯，从用于英国马球竞赛的衬衫上得到启发，设计出了纽扣领衬衫，成为佳话。直到今天成为商务休闲衬衫的标志（图⑫）	 ⑫布鲁克斯兄弟的纽扣领衬衫
20 世纪 20~30 年代	高硬领、牧师领（白色硬领）、搭襻领、圆领等相继出现，成为现代绅士衬衫的基本格局（图⑬）	 ⑬高硬领衬衫系列
第一次世界大战之后	衬衫几乎没有什么改动，唯一的变化就是胸前加口袋，诞生了很好的美国绅士品牌，工业化程度增强，衬衫板型规范化水平提高（图⑭、⑮）	 ⑭衬衫的现代版　⑮美国箭牌衬衫（1920 年）

六、并不熟悉的衬衫知识

　　衬衫的正式名称是"Dress Shirt"，有"约定衬衫"的意思，即绅士之间的约定。"Shirt"一词源于"White Shirt"（白衬衫），但在英语中不存在这种叫法，所以表述（绅士）衬衫的时候只用"Shirt"是不准确的。有时对衬衫了解越多越觉得深不可测。曾几何时，男人衣橱里放着一成不变的几十件白色和蓝色衬衫，但是在过去的一二十年中，男人变得勇敢、精明、挑剔，也不只有白色蓝色衬衫了，亮色的、条纹的、图案的等各种衬衫大举进入男士衣橱。上身是否合适也成为男士定制衬衫最关键的升值部分。虽然衬衫不像西装那样有很多复杂的结构，但其颜色、花纹、领子形状和无尽配饰的多样性却多于西装。而摆在面前的衬衫越多越显得束手无策和无知，其实问题出在自认为最基本的知识不会出问题，恰就是它出了问题。

（一）衬衫的标志元素与称谓

所有的西装造型都是以搭配衬衫作为起点，那么衬衫的构成元素就是整体搭配方案的调味剂。但如何了解衬衫，对其结构与名称的解析是必备功课，因此认识衬衫构造的每个细节与相关的文化信息是在追寻本质（图2-24）。

这里以常青藤风格的纽扣领衬衫为标准，是因为它经典且所涵盖的信息最多也最具代表性。按照自上而下的顺序，先是衣领，它是由领座和领面组合的企领。领底（Collar band）又称领座、领腰，是指由领面和领座组合的领座部分。领角（Point）是衬衫领变化标志性元素，它在长领角和短领角之间产生很微妙的变化而魅力无穷。领子（Collar）是指由领面和领座组合的衬衣领。领扣（Collar button）是在领角上缝缀的小纽扣，起固定领面的作用，它是纽扣领标志性元素。

胸袋（Chest pocket）只设在左胸的贴袋，主要用在标准衬衫中，一般正式礼服衬衫不用。

贴边门襟（Top center box pleat）是明门襟（Panel front）的正式称谓，是从礼服衬衫到休闲衬衫普遍的门襟样式。

袖子（Sleeve）标准衬衫为一片袖与卡夫组合的结构。袖衩与卡夫组合形成的剪切口呈剑形。剑形开衩的功能是为卷起袖子方便和整装配合西装而设，因此开衩尺寸要长约14cm，且中间有防护纽扣。卡夫上有卡夫纽（Cuff button）也被称为袖头纽（Sleeve button），是指固定卡夫的纽扣。更正确的说法是指筒形卡夫（Barrel cuffs）的纽扣，它的旁边备扣为调解扣，多用在商务休闲衬衫和外穿衬衫上，一般不用在礼服衬衫卡夫上。贝壳纽扣为标准材质。双层卡夫（Double cuff）和单层卡夫的结扣工具组件为链扣（Cuff links）。这种卡夫形制讲究而隆重，故用在礼服衬衫和商务正式衬衫上。防护纽扣（Gauntlet button）是剑形袖衩的调解扣，在剑形袖衩的中间钉小纽扣。Gauntlet是指皮护具或有皮护具风格的钉钮开衩的长手套，根据这种联想而得名。通常情况下使用比袖纽还要小的纽扣。虽然也有省略这个纽扣的，但作为标准衬衫的配置不可或缺。筒形卡夫（Barrel cuff）与单层卡夫结构并不相同，不能混用。单层卡夫（Single cuff）实际上是相对双层卡夫而言，都要配合链扣使用。

衬衫下摆（Shirt tail）专指内穿衬衫的下摆，是以前短后长的圆摆为特征。

育克（Shoulder york）是从肩部到背部的过渡裁片，也称过肩。过肩面积在标准衬衫中是有限制的，外穿衬衫无限制。而传统工艺则在后中劈缝，适应定制衬衫男士肩部高低不等，在后中劈缝可以调整衬衫的适合度精确到客户的身材，因此可以作为判断衬衫定制是否精良的标准之一。当然，批量的衬衫基本没有此细节。

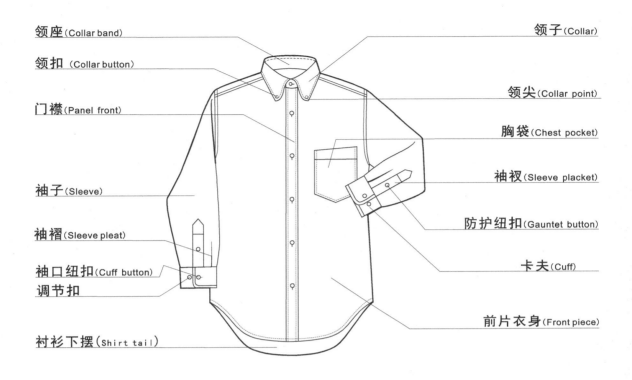

领座（Collar band）

领扣（Collar button）

门襟（Panel front）

袖子（Sleeve）

袖褶（Sleeve pleat）

袖口纽扣（Cuff button）
调节扣

衬衫下摆（Shirt tail）

领子（Collar）

领尖（Collar point）

胸袋（Chest pocket）

袖衩（Sleeve placket）

防护纽扣（Gauntet button）

卡夫（Cuff）

前片衣身（Front piece）

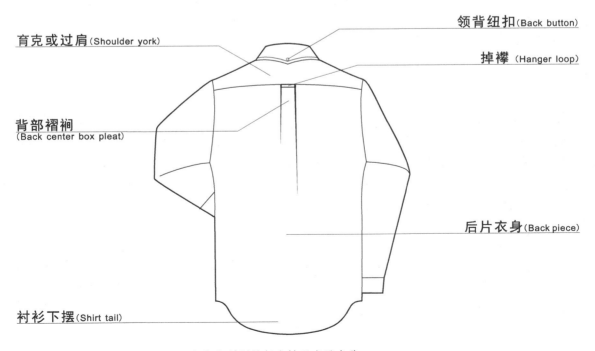

育克或过肩（Shoulder york）

背部褶裥
（Back center box pleat）

领背纽扣（Back button）

掉襻（Hanger loop）

后片衣身（Back piece）

衬衫下摆（Shirt tail）

图 2-24　纽扣领衬衫的标志性元素及名称

　　背部箱式褶裥（Backcenter box pleat）指在背部育克线中央设的单个褶裥，起胸部松量的调节作用。

　　吊襻（Hanger loop）用于吊挂衬衫的装件，多用于休闲衬衫。

　　领背纽扣（Backbutton）是配合领尖扣而存在的，它不可以单独设计，多用于休闲衬衫。

（二）合适衬衫的密码

　　事实上衬衫合适的状态很难把握，有个人习惯上的，有社交伦理上的，后者是绅士文化和社交实践积淀下来的，这里只有去探讨后者。

　　衬衫是否合适，首先是适应度。衬衫领子不能太紧，衣身不能束身体。领子应该紧贴，但保持有 1/4 英寸（1 英寸为 2.54cm）的空间。糟糕的是，80% 男士的礼服衬衫领子都会太紧，这和"硬领宁紧勿松"的绅士社交传统有关。因此，涉足浅的年轻白领容易犯"松领衬衫非土就俗"的错误（图 2-25）。

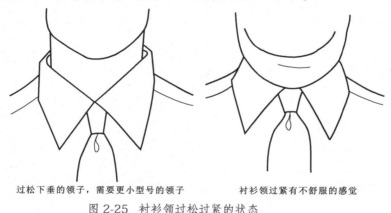

过松下垂的领子，需要更小型号的领子　　　衬衫领过紧有不舒服的感觉

图 2-25　衬衫领过松过紧的状态

1. 面料

　　衬衫棉比其他面料更舒服一些，但结构不合适会让它大打折扣。腹部有多余的面料会破坏西装的整体线条。如果身材高大，定制裁缝会在侧缝收紧或在背腰部收省来减小尺寸。省会更灵活一些，如果体重增加、挺腹，可以去除省。衬衫的长度容易被忽视是因为它视线低，腰部向下至少要 15cm 长才可以在你活动的时候保持折叠在里面。太长会在裤子里出现褶胀。

2. 袖子

　　对于衬衫袖子，应该在西装袖子外面露出 1.2cm，通常比手腕长出 3.8cm。如果弯曲胳膊，卡夫退到你的手腕后面，说明袖子太短。合适的袖子是不会随着胳膊活动而改变，因此袖子要够长，卡夫在手腕的位置要足够服帖，又不能像一个紧箍套。这确实需要社交经验和定制技术配合无间（图 2-26）。

3. 卡夫

筒形卡夫和链扣卡夫是衬衫卡夫的两种基本选择。筒形卡夫可以订一粒或两粒扣子。链扣卡夫的双层卡夫生产成本高，所以筒形卡夫更为普遍而用于一般商务衬衫。然而，双层卡夫太优雅，当穿上一套深色西装，连接法式双层卡夫的链扣上的那点闪光，成为优雅绅士不可抗拒的魅力，也是其他卡夫无法取代的（图2-27）。

图 2-26　衬衫袖和西装袖合适的匹配

无论是筒形卡夫还是链扣卡夫，常常是检验质量标准的可靠指标。将卡夫与袖子连在一起不仅仅是一项技术。在连接处如果没有褶，直接用卡夫连接袖子和有褶的袖子穿起来一样合适的话，那么毫无疑问，没有褶的袖子更美观，但无法保证动和静都是良好的状态，固袖褶饰是必需的。英国衬衫定制品牌往往围着卡夫一周缝几个小褶。法国卡夫品牌则使用一边倒或对称的两边折2~3个褶（图2-28）。

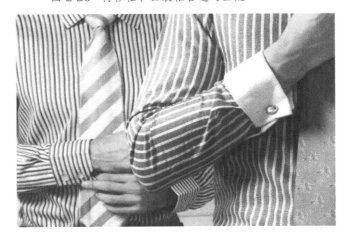

图 2-27　筒形和链扣卡夫的合适状态

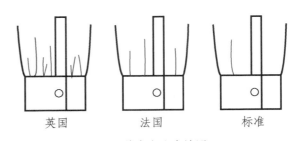

英国　　　　法国　　　　标准

图 2-28　英式和法式袖褶

4. 门襟

这里需要澄清一些模糊的术语来判断衬衫制造商的质量水准。

明贴边门襟几乎成为衬衫的标志性元素。但它的传统工艺是贴边门襟与衣身面料是分裁分做的，而今天已经普遍使用的是连裁折叠明贴边门襟工艺，也表明它的工业生产成为主流。那么高质量的礼服衬衫定制则采用传统工艺，且门襟保持在 3.8cm 宽（图2-29）。

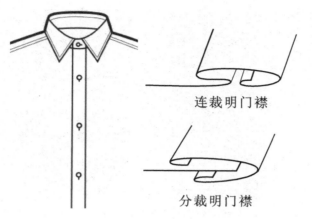

连裁明门襟

分裁明门襟

图 2-29　明门襟的现代工艺和传统工艺

5. 育克

育克是绅士衬衫标志性元素，它是通过前后肩相连形成单独的过肩部分。定制衬衫会把过肩分为两片，在后肩中心拼合。它有两个目的，一是可以通过在左右肩育克单独调整适合每个肩部的定制，二是分离的育克可以实现与前身接缝平直，特别是条格纹面料，而整片结构的育克无法实现（图2-30）。因此，当看见过肩的破缝，这意味着这衬衫是特别定做的，表明了衬衫的高品质。

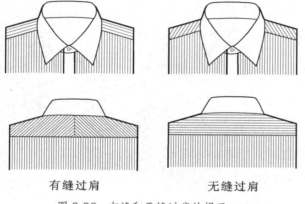

有缝过肩　　　　　无缝过肩

图 2-30　有缝和无缝过肩的提示

6. 纽扣

剑形袖衩是英国袖形的传承。剑形袖衩中间会有一个活动纽扣，当穿上衬衫时，可以通过它闭合这个缺口。袖衩上纽扣的设计还为了方便洗衬衫时卷起卡夫。值得注意的是，脱掉外衣时卷起卡夫就如同裤脚和袜子之间露出皮肤一样被视为不雅。另一方面，袖衩上的纽扣是否能使前臂更合体，也是衬衫质量好坏的一个指标。

衬衫的门襟纽扣也是必须要注意的。如今大部分的扣子是人造的材料，定制衬衫纽扣的标准是珍珠材质。不幸的是，珍珠纽扣比起人造制品易碎，但是它那绝妙的光泽也弥补了它的易碎不足。一位讲究的绅士是不会在意每隔一段时间更换纽扣的努力。

7. 个性化标识

定制衬衫还有一个细节就是衬衫个性化标识的表达。表达个人专属的标识不要夸张的放在卡夫上和领子上，这样会像一个标签广告。要尽量使字母简单而内敛（不要大于 0.6cm）。大约放在离你腰部向上 12~15cm 的左胸，如果衬衫有口袋（很多定制衬衫没有口袋），个人标识放在口袋中间（图 2-31）。字母拼写往往与定制衬衫联系在一起，它也可以被标注在定制商店专为特别顾客准备的人体模特上。它们虽承担了额外的成本，但定制店服务顾客表达足够关心和在乎顾客的穿着方式，花时间来满足顾客对衬衫个性化的需求是值得的。另外当它被送去清洗的时候，可以帮助避免可能出现的混淆。

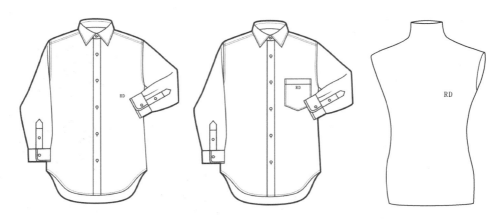

图 2-31 衬衫个性化标识合适的位置

（三）绅士衬衫系统的划定

绅士衬衫元素的一个金字塔形架构的礼仪级别分布图，如图 2-32 所示。当然它只能展示出一个现代衬衫系统的大致脉络和坐标，对于指导男士着装行为的帮助是有限的，但对这个系统的细分化应用研究和学习是很有必要的。卡夫、翼领、白色、纯棉面料和胸前饰件为标准的礼服元素。除了胸前饰件用于晚礼服衬衫外，其他可以不分时间限制出现于礼服衬衫上。但是真正弄清礼服级别的界定，依据 TPO 原则往往又很模糊。比如牧师衬衫其实也可列入礼服衬衫系列里，白色的硬领普通衬衫与黑色套装搭配也可上升为正式场合。最不易把握的还有扣饰、配饰等因素，那么首先就要掌握衬衫的惯例知识，通过搜集社交信息、社交实践、学习着装规则，逐渐形成自己的社交风格。

在整个男装系统中，礼服应用的概率越来越低，但是在礼服衬衫上表现得并不尽然。比如塔士多礼服衬衫在如今的晚宴上仍然保持它一贯的优雅作风，只是在胸前饰件上有了更多的选择。领型更多选择标准的企领，从礼服衬衫、商务衬衫到休闲衬衫已经成为定势。筒形卡夫、企领、白色衬衫是普通衬衫的标准，按照词语属性来说，它就属于中性词。随着社会休闲化的趋势发展，普通衬衫大放异彩，成为男士衣橱的必备，其变形款更是使用范围广泛，可以上升为礼服配服，也可以降为外穿休闲。普通衬衫的家族成为当今社会的主流文化。纽扣领或软领、格子布便是休闲的代表，再功能化一点，胸前加上口袋 1~2 个，背后褶处加上吊带，粗纺的牛津布，毋庸置疑是户外功能至上的代言。由此衬衫可以得出一个从上至下的礼仪分布——礼服衬衫、商务正式衬衫、商务休闲衬衫和户外衬衫。

礼服衬衫元素

商务正式衬衫元素

商务休闲衬衫元素

户外衬衫

图 2-32 绅士衬衫系统的划定

第三章

衬衫附属品的历史
信息与语言系统

在西装造型中，最重要的部位就是 V 字区域，而在 V 字区域中，领带又是最为关键的一环。一款做工优良、搭配合理的领带，可以起到画龙点睛的作用。而且领带容易受到流行趋势的影响，对个性的表达机制既宽广又充满了知性修养。因此领带的经营对一个个体的社交形象充满了变数和历史智慧。

当然衬衫的其他附属品还包括领扣、门襟扣、袖扣等。

一、领带从贵族骑士到商务精英

领带（Neck cloth）是 Necktie 的前身，从法语而来，直译为领巾、装饰巾，引申的意思是用宽围巾制成的领带。初次出现于 17 世纪 60 年代，19 世纪 30 年代 Necktie 出现，并于 50 年代被这个新词取代了。从 19 世纪 30 年代开始细分化了，大号的称 Scarf，小号的称 Necktie。由此可见，领带是一个从实用品到装饰品的发展过程，Tie 是 Necktie 的简称。

领带最早出现于路易十四执政巴黎为中心的欧洲。当时有一支克罗地亚（Croatia）骑兵部队，这种领带的初始状态是军官们在脖子上围着的色彩鲜艳的布。这种围巾布流行的原因，是因为当时上衣没有衣领，它正适合装饰脖子一周，显然替代了领子的保护作用。也可能是借鉴了来自于罗马某地区的演说家为了保护他们的声带而这样用。在 1660 年，法国庆祝与土耳其恶战的胜利时，它被视为光荣英雄的克罗地亚优秀军团（当时部分是奥匈帝国士兵）的标志进入了巴黎。众所周知的是，当时路易十四国王对军团长官脖子上系的亮色丝质方巾的个人装饰特别着迷，而激发了国王的想象力，并很快成为皇室的权威，创造了一个叫 "Royal Cravattes"（皇家克罗威特）的军团。单词 Cravat（围巾），来源于单词 "克罗地亚人"（Croat）。

这一新的贵族骑士造型不久就穿过海峡传到英国，并成为绅士的标志。甚至不在脖子上用布精心打扮成某种形式就认为不是绅士的行为，且越装饰越好。同时围巾也越来越高，导致男人们不移动整个身体便无法移动头部，甚至有报道称围巾厚的可以抵挡得住利剑。由此高傲的贵族肢体语言从此确立了。为了渲染之后风格多样没有了界限，流苏线的围巾、格子围巾、绒头、有织带的蝴蝶结、蕾丝、刺绣的亚麻等都有它们忠实的拥护者，并且有将近 100 种不同的领结被辨认出来。正如 M.LeBlanc（一个专门指导男士如何精细或复杂打领结艺术的人）所讲，在社交礼仪中如果领结被人抓到把柄可能会给人以最大的侮辱，在那种场合下，鲜血也只能洗一洗在聚会场合中荣誉受损的污渍。

如今，领带成为男士衣橱里最重要的部分。领带虽然在社交界渐渐站稳了脚跟，也不过是在 20 世纪初期的事情。第二次世界大战后欧洲的织物靠大量进口，但那时欧洲领带也开始与美国竞争。在 20 世纪 60 年代，孔雀革命❶中期，男士领带出现一个明显的错误——倾斜，这是对传统和正式礼服的叛逆结果。但在 20 世纪 70 年代中期，这种趋势已经逆转，又恢复现在的状态，到了 80 年代，领带的销售也较之前更好。

---

❶ "孔雀革命（Peacock Revolution）"的口号在 20 世纪 60 年代由时装设计师哈代·艾米斯提出，这被视为启动新男人衣装风尚的重大事件。

领带之所以能够持续流行，原因可能是领带对于男人西装来说是一个不可或缺的标志物，尽管它没有明显的作用。可能它们仅仅只是继承传统的一部分。但由于世界工商界的精英们戴领带与其说是装饰不如说是一种宣示优雅的权威。另一方面，打领带的美学价值就是 V 区域的私人空间和无限的微创魅力。因为，对于朴素的礼服和商务西装来说，领带不仅遮盖了衬衫的纽扣，增强了男人身体垂直挺立的"高傲感"（代替了军装上多个纽扣排列的效果），也平添了表达个人奢侈、财富和自我审美价值取向的艺术符号。

二、礼服衬衫领饰

礼服领饰的三种类型是由绅士文化和社交实践的积淀定性的，形成今天的领结、阿斯科特领巾和领带。在形制上领结是典型的礼服领饰，其他两种主要表现在材质和花色上。

（一）晚礼服衬衫领结

领结一般以其形状命名，如蝴蝶领结（Butterfly bow）是指呈蝴蝶形状的大号领结，相似语为 Wing bow、Butter-wing bow。

丝带领带（Ribbon tie）是丝带蝴蝶结的简称，材料为黑色、茶色或绿色的丝绸。而 Bows（蝴蝶领结）是它们的总称。

蝙蝠翼领结（Batwing bow）是一种大号领结，近似于蝙蝠翼形状的领结。

方头领结（Square end bow）是打结后两端呈方形的领结，也就是两头不是尖形的蝴蝶领结。

三角形领结（Pointed end bow）打结后两端呈三角形的领结。

小领结（Small bow）俗称压缩领结（Runt tie），是小号领结的总称。通常成为表达晚礼服小巧精致的语言。

棒型领结（Bar-shape bow）指直线型的领结，与俱乐部领结同义（Club bow、Club shape）。

缎带领结（Cord tie）是带状领结的总称，也被称为细带领结（String tie）、西部领结（Western tie）、丝带蝴蝶领结（Ribbon shape bow tie），宽约 1.5~2cm，1938年成为时尚。

除这些以形状命名的领结外还有俱乐部领结（Club bow），这种领结被俱乐部晚间社交惯用，故称俱乐部型（Club shape），实际上是直线型棒状蝴蝶结的别称。它也被夜总会（Nightclub）经理以及调酒师（Bartender）所喜欢，也会以他们的名字称谓，这是美国的服饰用语。它于 20 世纪 20 年代初次出现，30 年代被常青藤联盟（Ivy league）所推崇，第二次世界大战前后有一段时间被淡出社交界，50 年代再次复兴。

　　在这些领结中颜色的不同也别有一番天地，其中白领结是晚礼服中燕尾服（Evening tie）用的白色蝴蝶型领结（Bow tie），白色是其标志性要素，因此白色领结（White tie）在绅士社会成为燕尾服的代名词，类似语有 Dress tie、Evening bow、Dress bow。黑色领结（Black tie）指塔士多礼服惯用的蝴蝶结。如果在请帖上注有"Black tie"的话，则意味着必穿塔士多礼服配塔士多衬衫，故也被称为塔士多领结（Tuxedo tie）。与塔士多礼服搭配的领结中还有一种交叉式领带（Cross tie），也称罗纹缎带领带（Ribbon tie），是宽 4cm 左右、长约 50cm 的罗缎缎带（Grosgrain Ribbon）。用法在衬衫领座上绕一周前交叉并使交叉部分用领带针（Necktie pin）固定，初次登场在 19 世纪 90 年代，开始是休闲用的领带，在经过 20 世纪 50 年代到 60 年代初这段时间后，它作为塔士多礼服的领带被大书特书起来，又称为欧洲大陆式领带（Continental tie）。在领结中还有一种底端领结（Band bow），是不用手工打的成品领结，又名 Ready tied bow。其同类型有系扣领结（Clip on bow tie），也是不需要打结的成品领结，用附在两端的金属搭扣固定，一般不作为定制品（图 3-1）。

　　纵观以上领结的这个大家族，款式的丰富多元实在难以一语道尽，无论是过去常青藤贵族学院风格的复古流行还是国际主流的盛装社交，蝴蝶结一直汇聚在众人的视线焦点，除了正式的打扮外，休闲装扮时若能积极采用，也能大幅拓展穿搭范畴。如今蝴蝶结饰根据自行打结者称 To-Tie（当时手工打结），事先打好形状的称为夹式蝴蝶结。现今在主流领结形制中常见的领结有方头蝴蝶结、三角形蝴蝶结、俱乐部蝶结、小型蝶结。其中方头蝴蝶结宽约 4cm，属于传统典型的形状；三角形蝴蝶结可将领口装饰得简洁利落，是商务人士晚宴（晚会）的宠儿；俱乐部蝶结端部不展开呈棒状领结，多用于俱乐部正式聚会；方头窄版蝴蝶结宽约 3cm 且端部裁成方形，造型时髦漂亮，是时尚雅痞人士的选择（图 3-2）。

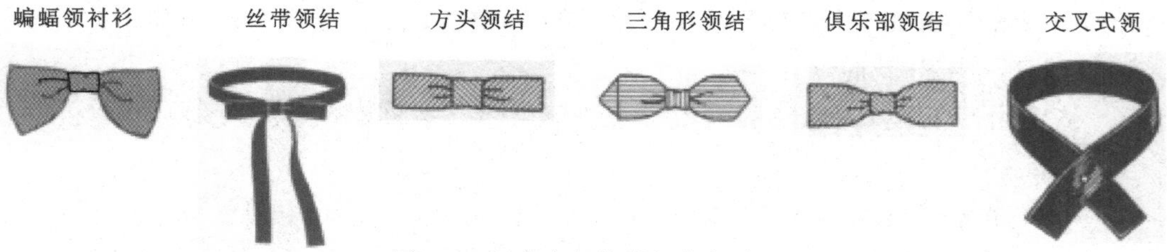

| 蝙蝠领衬衫 | 丝带领结 | 方头领结 | 三角形领结 | 俱乐部领结 | 交叉式领 |

图 3-1　历史中领结的经典类型

| 小型蝴蝶结 | 方头蝴蝶结 | 三角形蝴蝶结 | 窄版方头蝴蝶结 |

图 3-2　现代定型的晚礼服领结

（二）日间礼服阿斯科特领巾

日间礼服可以配领带、领巾，但不能配领结，配领巾是它的传统风格。阿斯科特（Ascot）是伦敦郊外伯克希尔州（Berkshire）的地名，每年6月的第三周在这个地区的阿斯科特赛马场所举行的赛马会成为英国贵族最重要的社交活动，由此也诞生了晨礼服（Morning），其中被称为阿斯科特的晨礼服（Ascot morning）就是由此而来，与它配套的阿斯科特领巾（Ascot tie）也成为一种优雅绅士的符号（图3-3）。阿斯科特领巾早期专用于弗瑞克外套（Frock日间正式礼服），后用于晨礼服（Morning昼间第一礼服）。面料使用满地小花纹织锦缎（Spitalfield），也少有素色。打结方法（Selftied）也成为准绅士的基本功，也有事先打好结扣（Made-up）的成品阿斯科特领巾，不过这只是舞台上的道具而已。作为定型式样的阿斯科特领巾的初次出现是在1876年，与阿斯科特领巾同类型的有蝉形领带（Puff tie），是阿斯科特领巾的别名扎法。在翼领腰上前部松松的打成蝉形结扣，并将其交叠或交叉部分用饰针（Pin）固定，它是正式翼领衬衫的绝配（图3-3）。

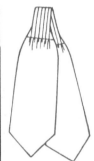

图3-3 阿斯科特领巾

（三）日间礼服领带

日间礼服领带以素灰色领带和猎装领带两个类型为主流。

1. 灰色领带

灰色领带（Cravate grise）是日间礼服惯用的领带，银灰色系（Silver gray）厚丝质材料是它的标志性元素。类似于英语Spitalfield tie。小花纹礼服领带（Spitalfield tie）简称为Spitalfield，与法语Cravate grise几乎同义，是用满地小花纹厚缎丝织物制作而成，用于日间礼服的标志，特别是以灰色系（从中灰到亮灰的灰色系）为主的小花纹领带。

2. 夏尔凡领带

夏尔凡领带（Charvet tie）是由巴黎著名的品牌夏尔凡（Charvet）公司所生产的绅士领带（Necktie）制品，它是由定制夏尔凡布料（Charvet cloth）制成的超级奢侈品领带。从20世纪20年代中期到40年代都很流行。特别是20年代后期的美国，在上流社会一提到"Charvet tie"就联想到超级精品的印象。这是因为这种领带只在当时的卡地亚（Cartier）纽约店的二层、在长岛（Long island）的南安普顿（Southampton）、在棕榈滩（Palm Beach）的沃恩大街（Worth Avenue）的美国超一流的服装店摆放，这几乎成为奢侈品的经营准则。从20世纪50年代到60年代像爱马仕领带（Hermes Necktie）这样的品牌都会营造这样的印象（图3-4）。

3. 斯托克领带

图 3-4　奢侈品礼服领带

斯托克领带（Stock tie）是一种古老的衬衫领装置，是配合可拆装领的专属领巾。可拆装领的英语是 Separate collar，它的工艺是将上浆的硬衬布单独作成较高的翼领，材料使用亚麻布（Linen）或者细棉麻纱（Cambric）。和衬衫中的小立领组装时，在背面用搭扣或钩扣固定。它于 1735 年初次面世，在 19 世纪 20 年代成为绅士衬衫的标志性领型。其实这种讲究的衬衫最初用在狩猎服和骑马装的搭配中，这种情形在现代的马术正装中仍在保留着。狩猎领巾（Hunting stock）就是斯托克领巾（Stock tie）的别称（图3-5）。打结方法是在高硬立领上（可拆装领）用薄麻制的大号领巾，在领腰周围卷上两圈，再在前部打成垂巾结，多配合晨礼服翼领衬衫使用，是马术制服中的标准配置。骑马领带（Riding stock）是斯托克领带的别称，它从 1735 年出现到 19 世纪 90 年代进入成熟时代，也是走进历史的最后时期。狩猎巾（Ratcatcher）有"捕鼠者"的意思，它作为时尚用语，实际的含义是脱离狩猎装的骑马装之意。在古老的狩猎装中，根据从低到高的社交等级，第一类

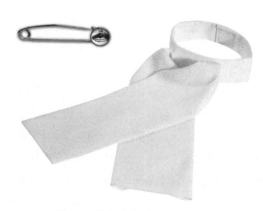

图 3-5　斯托克领巾

适合适骑马、射击、或者散步时所穿的运动、休闲式的上衣；第二类适合马裤、衬衫和上衣组成的套服；第三类适合马术家穿戴的盛装。显然，狩猎巾最适合第一种情况，斯托克巾更适合第三种或第二种情况。今天的狩猎巾（Ratcatcher scarf）应该是以斯托克巾（Stock tie）的称谓晋升为最隆重的日间第一礼服领巾了。

三、商务衬衫领带

商务衬衫是拒绝领结和领巾的，因此领带就成了它的主要领饰，它的社交语言主要表现在领带图案上。

（一）商务正式领带

素面领带和条纹领带与商务正式场合着装的搭配早已经根深蒂固。

素面领带（Solid tie）是指单色无花纹领带的总称。通常配合制服（军服、企业、校服等）表达严肃的商务社交。

条纹领带（Stripe tie）是包括军团领带、俱乐部领带等条纹图案领带的总称。

军团领带（Regimental tie）是军团条纹（Regimental stripe）领带的总称。由它派生出常青藤领带、俱乐部领带等经典的领带风格。其中常青藤领带（Ivy tie）流行于 20 世纪 60 年代前叶由常青藤联盟推动的窄型领带。一般在 5cm 左右，超级窄的领带达到 3cm 左右。具有代表性的图案有军团条纹（Regimental）和俱乐部条纹（Club）。个性化领带还包括小印花图案（Print）、黑色的针织领带（Knit tie）等。

俱乐部领带（Club tie）是以俱乐部颜色（Club color）构成以条纹图案（Stripe）特征的领带，它还派生出俱乐部图案领带（Club figured tie），Club figured 是指"俱乐部图案"的意思，均匀散布在领带中，类似于星点图案，即将俱乐部标识设计成小花纹图案织入领带中，亦称徽章领带（Crest tie）。校园领带（School tie）也是俱乐部领带范畴，它是由俱乐部领带演变而来的学生领带，风格以校园社团颜色（School color）为依据设计的单色或条纹（stripe）领带，初次出现在 19 世纪 80 年代。总体上看商务领带的风格并不是来源工商界本身而是军队和学校，这或许它们也需要军队和学校秩序和团队精神。因此除了领带的单色，图案越规整单一级别越高，且构成图案的一切元素通常会有意义（图 3-6）。

（二）商务休闲领带

从形态上来说适合商务休闲场合搭配的领带有阿斯科特巾（Ascot scarf）、方头领带、针织领带、格纹领带、自由花纹领带和个性领带等。

阿斯科特巾用在礼服上称它为阿斯科特领带（Ascot tie）。它在休闲（Leisure）

军团条纹领带　　俱乐部领带　　徽章领带

图 3-6 商务正式领带风格源于军队和大学

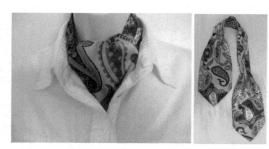

图 3-7 阿斯科特领巾与休闲衬衫搭配方式

社交的时候配合休闲西装。它最适合与领扣领衬衫、细格衬衫这些内穿休闲衬衫搭配，且在领子敞口内侧直接系在颈部，与晨礼服衬衫组合方式完全不同（图 3-7）。

方头领带（Square end）指领带头呈方形的领带，相对语为尖头领带（Pointed end），类似语为 Straight end。

三角形领带（Pointed end）打结后领带头呈三角形是最通用的领带形式。

瓶状领带（Bottle-shaped tie）前部膨胀呈瓶子状，属另类领带，用于达人。

印花领带（Printed tie）是表达一种自由的个性印花图案。包括圆点花纹、碎花花纹、几何形花纹、绘画图案、珠宝图案、抽象图案等种类多种多样。它是表现个性化领带的类型，有休闲的暗示。

圆点图案领带（Polka dot tie），圆点图案在 0.5~1cm 的编织、提花和印花圆点图案。在蓝色底上配白色（或淡黄色）的圆点图案最为经典，俗称"满天星"，是 19 世纪 90 年代流行以来古典领带图案的代表之一。

商务休闲领带从材质上来说最有特点的是针织领带（Knit tie），也称 Knitted tie，以真丝和羊毛线为主织造，也有用棉纱和亚麻混纺的。多配合休闲衬衫使用。钩针针织领带（Crochet knit tie）也是针织领带的一种，主要材料是针织毛线（Wool）和丝绸（Silk），于 20 世纪 20 年代初次出现，主要搭配运动、休闲的内穿衬衫（图 3-8）。

方头领带　　　印花领带　　　圆点领带　　　针织领带　　　抽象领带

图 3-8 商务休闲领带的基本类型

在商务休闲领带中还有以打结著称的四步结领带（Four-in-hand），它是将宽领带用四步打结方法完成的平结（Plain knot）。四步结起源于四马马车驾乘者所打的领带结，初次登场于19世纪60年代末，到了19世纪90年代末开始得到普及是因为英王室育克公爵（1870~1910）的推崇。别称为Derby tie（德比领带），它使用真丝布料斜裁并缝制的宽领带。Derby tie一词初次出现于1894年，特克领带（Teck tie）也是四步结的同类型，不过它是事先扎好（Ready-made）的四步结领带（Four-in-hand tie），即固定结扣的宽领带，流行于20世纪初。它的宽度和现在的阿斯科特领巾（Ascot scarf）相近似，以平头结（Plain knot）为特征，是以特克公爵（之后的乔治5世）命名，即玛丽皇后（Queen Mary）的亲弟弟（Prince Francis of Teck1870—1910），故又名为特克巾（Teck scarf），它是19世纪末英国多才多艺的贵族创造的一种时尚绅士符号，但并没有被现代绅士继承下来而成为个性达人领带（图3-9）。

瓶状领带　　特克领带

图3-9　个性休闲领带

（三）领带的结构名称

标准领带由宽段和窄段组成（图3-10）。

1. 领带窄段

领带窄段（Tip）指领带宽度较窄的一端，相对语为Apron，其结构有以下几个。

加固缝（Bar tack）是指在领带较宽的一段大约12~14cm的地方所施加的缝结（Stitch）。它的作用是用来固定衬里布，帮助领带塑形。

外层布（shell）指领带的表层布料，相对语为Tipping（里布）或者Facing。

缝头（Inlay）是指表层布的缝份或缝边，用于将布缝合在一起并翻折到里边的部分。

2. 领带宽段

领带宽段（Apron）指领带宽的一段，其结构有以下几个。

斜接缝（Diagonal seam）也被称为斜裁缝（Bias seam），因为领带必须采用斜裁，因此在领带中间偏窄处必有斜的接缝。

环孔（Loop）是指打好领带后让领带较窄的一段可以穿过的环状细带，它用来松弛的固定打结后的内侧领带，是19世纪20年代乔斯·朗斯多夫（Joss Langsdorf）发明的。事实上，领带可以随着这个线状物移动，当领带紧紧裹着你脖子的时候，内外领带不会离开。如果发生以上的情况，再移动线状物，领带就会恢复到原来的状态。

挑针缝边（Hand slip stitching）是将领带内侧最宽处的中间接缝用松弛的线（环状）缝合到一起的线环，这是高级领带手工缝的标志。

　　固缝线迹（Hand rolled hem）在领带一段内侧面布和衬布接缝的面布一侧用手工加固缝的线迹。这是高级领带中所能表现的手工技术。

　　衬里（Tipping）在领带的内侧尖头所能见到的部分用专门的领带衬里是高品质的羊毛质地，使领带既柔软又有骨质的感觉。

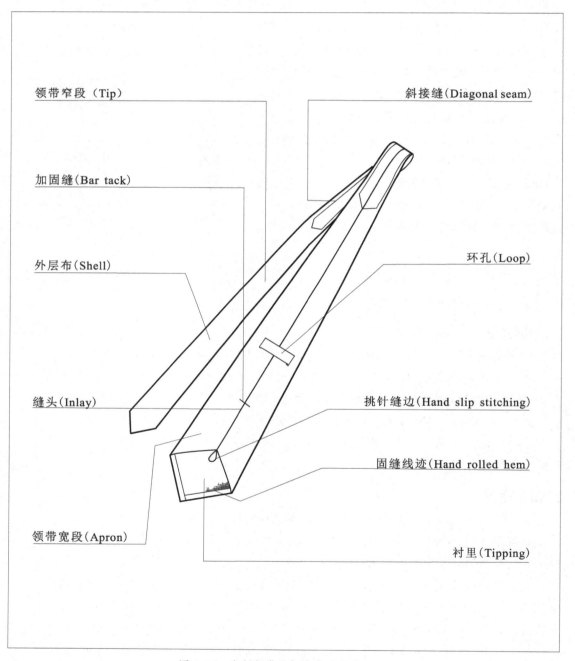

图 3-10　定制领带的标准件及名称

（四）领带的流行

在 20 世纪 60 年末到 70 年代初，为了与西装的阔翻领和衬衫的长领成比例，领带宽度达 12.7cm，这样才能保持着装的平衡感。但是这些夸张的比例一旦打破，宽的领带就成为时尚的另一个牺牲品。如同衣服与身体要成比例，领带的也要保持恰当的比例。领带合适的宽度为 8.255cm，永远不会过时。领带太宽会使打领结的区域变厚，像 20 世纪 60 年代那样，如餐巾纸般挂在胸前，打一个优雅的领带结也变得困难。领带结与衬衫领的关系当然也是非常重要的。如果比例恰当，就不会出现领结太大而导致领口打开，也不会因为领结太小像在领子里迷失了一样的状况发生。标准的领带长度一般是 132~147cm 长。较高的男人，打温莎结，需要领带更长。领带打好后的状态为其末端应该有足够长达到裤子的腰带处；要么领带的末端正好到达腰带处，要么短一小部分，但不能超过腰带。

领带也因其宽窄的不同分为标准版、宽版、窄版。标准版宽度约 8cm，属于宽窄适中的领带；宽版达到 10cm 以上，适合搭配厚重感、分量感较重的穿着打扮；窄版宽度介于 4~6cm 之间，适用于营造流行时尚感。领带又因其形状变化分为直线型、半酒瓶型、酒瓶型。直线型领带宽端与窄端差异不大，几乎笔直地朝着宽端延伸，外形简洁利落；标准型宽度介于直线型和酒瓶型之间，尾端略微变宽，是目前常见的领带样式；酒瓶型领带打好领结后宽端显得更宽，越靠近领带结部位变窄明显，属于古典优雅的领带样式（图 3-11）。

直线型　　窄版型　　标准版　　酒瓶型　　　　　宽型

图 3-11　领带的基本类型

领带的宽度随着流行趋势的变化，也在渐渐发生着改变。年轻人更喜欢 3~6cm 纤细领带，但这种宽度很难给人以信任感，甚至有点轻浮的印象。使用 9cm 宽的经典领带显的乏味又过于成熟，不适合年轻人。因此 7cm 宽的细领带成为了新时代宠儿。在男士衣橱里若能加入针织方头领带、充满古典氛围的阿斯科特领巾，可谓名副其实

的绅士装扮。方头领带是针织领带为最具代表性的，宽度在4~6cm 之间，是一种更年轻化的商务领带，因为是单一色弥补了它轻浮的印象（图3-12）。

图 3-12 窄版方头针织领带的单一色弥补了它的轻浮印象

（五）深入了解领带的品质

领带的手感常被忽视，但很重要，流行的样式无论怎样，但高品质领带的手感只有进化没有变化。在构造上也是如此，把领带放到手上摸领带的长度，会发现有三处分开的片缝合在一起，不是两片。这并不是偷工减料而是保持最佳结构，因为这种构造有助于领带成型后的美感。

有品质的领带一定都是斜裁的，这样打好领带后呈自然垂直状态（图3-13）。测试方法就是把领带挂在手上悬在空中，如果一开始就在空中扭转，它可能不是斜裁。

材料和工艺是否到位，质量上乘的领带一目了然。然而形成领带今天的品质并不容易，起初领带只用在一块丝织物面料上裁剪，为了有一定的厚度要折叠 7 次。由于丝绸的价格高昂和缺乏手工匠的技术，制造商为节约成本，在领带里面加入内衬来获得领带的观感和厚度。其结果内衬不但能使衬衫塑形，还能使领带保形，当然这要取决于羊毛内衬的质量，而成为领带品质的重要指标。如今质量好的领带，衬里一定是 100% 羊毛。领带越好，意味着羊毛含量越高。观察内衬，在领带的反面可清晰地看见一个一系列金线条的纤维越多衬里越重。很多人会认为好的领带一定很厚实，正如丝绸越重越昂贵一样。事实上，在大部分情况下是高品质的内衬让领带产生了体积感，误认为是外面的丝绸形成的。

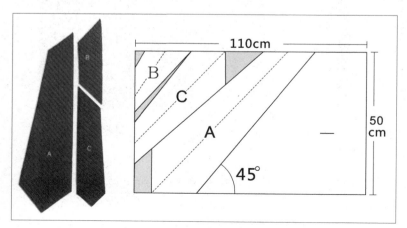

图 3-13 领带斜裁方法

四、领带图案的历史信息

领带与衬衫组合的重要性不言而喻，其图案选择的有序有其深厚的历史背景，单色纹样（Solid）、单色小花纹和有肌理表面效果凹凸花纹的交织纹理（Alternative Plain）领带多用于日间礼服和正式商务西装。条纹图案领带无疑是商务社交的主打；各色各样的花式图案领带让商务正式、商务休闲社交充满了多元的个性品格。然而无论如何，优雅、品位总与历史的厚重有着千丝万缕的联系，否则就不会在关键商务社交总是求助常青藤领带了。

（一）条纹图案的传奇历史

常青藤条纹（Ivy stripe）是条纹图案最经典也是最主流的一种，是在粗条纹的基础上组合四种颜色以上的细条纹进行重复的设计。军团条纹图案（Regimental）和俱乐部条纹（Club）图案以及它们标志性的颜色是这种领带设计优先考虑的品位和风格，这是因为它们充满着传奇的历史。

军团彩色宽条纹（Regimental stripe）英文字面的意思就是"军团条纹"，主要是依据各个军团的旗帜色或军队的色标传统设计成彩色斜条纹图案。通常被翻译成"连队旗帜条纹"。自古以来军团条纹都被认为是英国陆军中最大的常备部队旗帜的标志，它的起源可以追溯到16世纪，那时的陆军是由中队和连队组成。可是这种连队旗帜条纹被运用到领带中却是19世纪后半叶的事情了，好像和人们常说的校园条纹（School stripe）、俱乐部条纹（Club stripe）一起出现在人们眼前。而军团彩色宽条纹领带在绅士社交中被广泛地使用是在第一次世界大战后，它在美国的流行被学术界认为是英国皇太子（之后的温莎公爵）访美以后而推动的。王子当时所戴的领带是近卫步兵第一连队的领带，实际就是英国米字旗的标志色即用蓝色、暗红色和白色重构的条纹领带，并成为军团条纹图案的经典。俱乐部领带以此演绎也是基于它的这种尊贵的血统。皇家军团条纹（Royal regimental）与军团条纹（Regimental stripe）不同的是皇家徽章（Royal crest）和军团条纹（Regimental stripe）进行组合，强化了皇家的信息。这种花纹的领带本来仅限于英国王室近卫连队的将军们佩戴，后来成为一种贵族俱乐部的绅士符号作为优雅的时尚语言在上流社会被普遍使用（图3-14）。

俱乐部条纹（Club stripe）则是根据俱乐部标志色（Club color）要求设计的各种各样的条纹图案，和军团彩色宽条纹（Regimental stripe）一样可以有多种变化。两者虽然几乎看不出区别，也可以理解为父与子之间的关系，军团条纹是俱乐部条纹的前身。最初俱乐部条纹中的俱乐部（Club）主要是指由学生所组成的体育俱乐部（Sports club），这个传统来源于英国的贵族学校（Public school）、著名大学里的田径俱乐部（Athletic club）以及政治、文学以及军队俱乐部。这种俱乐部条纹初次

常青藤领带　　　军团彩色宽条纹　　　皇家军团条纹　　　俱乐部条纹

图 3-14 条纹领带的经典图案

出现，一种说法是 19 世纪 20 年代的末期，被使用在伊顿公学（Eton）、哈罗公学（Harrow）等名门私立学校板球俱乐部（Cricket club）的丝绸围巾中，由于这些贵族学校都是皇家军事化的教育和管理，军队文化色彩很浓，当然一定会表现在服饰上。不过能够在领带以及帽子的缎带中见到这种条纹则是在 20 年后的 1840 年，而这种领带与运动西装（Blazer）成为绝配则又要往后推 20 年，直到现在由于布鲁克斯兄弟纽扣衬衫的加入，使它们的搭配堪称永恒的黄金组合（图 3-15）。

俱乐部图案（Club figure）和俱乐部条纹构成了俱乐部领带的两大主题，前者是由俱乐部徽章构成的，故也称徽章花纹（Crest）或者纹章图案（Heraldic Pattern）。通常徽章图案均匀地散布在领带中，有编织的也有印花的。徽章图案原本是指家族的族徽，后演变成俱乐部或社团的徽章，散布在领带中就被称为了徽章领带（Crest tie）。纹章图案（Heraldic pattern）是徽章图案的别称。从中世纪继承的贵族家庭所持有的族徽，将这些纹章图案化最普及的就是用在领带中，典型的就是俱乐部领带。标识图案（One-point）是指在单色领带的特定位置袖有包括商标、名字、徽章、族徽等标识图案（图 3-16）。

俱乐部领带　　　　　曼彻斯特联队俱乐部领带

图 3-15 军团条纹的黄金组合
诞生于英国贵族学校

图 3-16 俱乐部领带的两大主题

在条纹图案中校园条纹（School stripe）是常青藤条纹的别称，是由校园俱乐部颜色构成的各种条纹图案（图 3-17）。彩虹条纹（Ombre stripe）是几种宽条纹（Block stripe）等间距排列，并由同色系两种以上的颜色组成的条纹图案，通常情况是由同色系或不同色系颜色的渐变形式构成。带状条纹（Block stripe）是单纯的宽条纹图案，而且条纹的部分和底色的宽度相等，条纹颜色为单色，亦称块状条纹（Block stripe）。它是伦敦风格条纹的典型，也被称为伦敦条纹（London stripe），是商务领带中代表性的图案。复合条纹图案（Multi stripe）不限形式、颜色的纹饰元素复合在一起的条纹图案。因为它使用了多色的条纹，因此也被称为彩色条纹（Fancy stripe）。细线条纹（Hairline）在视觉下是最细的条纹图案。Line 的意思就是指像头发丝一样细的线，这些线也被规则的等间距的织在一起，看上去近似有机理的纯色面料。特别是那种间隔 1mm 左右的迷你条纹（Mini stripe）。

彩虹条纹　　　　　　复合条纹　　　　　　带状条纹

图 3-17 彩虹条纹、复合条纹、带状条纹图案

在条纹领带中，条纹方向不同也有着不同的历史渊源。一般的条纹领带是从左肩开始斜着向下排列分布，而逆向条纹（Reverse）是从右肩开始斜着向下排列。其实初始的军团条纹排列是逆向的，到 19 世纪中叶英国贵族学校的俱乐部条纹确定了它的正向条纹的排列形式，并成为主流，一直影响到常青藤条纹。然而布鲁克斯兄弟在从英国引进这种风格时，坚持了军团领带逆向条纹的传统样式保留至今。由此形成了正向斜条纹排列的英国风格和逆向斜条纹排列的美国风格，事实上它们都来源于英国的校园风格和军团风格（图 3-18）。

英国风格　　　美国风格

图 3-18 条纹图案的英国风格和美国风格

（二）花式图案的社交密符

花式图案是最能表现个性的领带图案，大体上分为格子花纹（Check pattern）、面板花纹、民族花纹和圆点花纹四类。

1. 格子花纹

格子花纹是休闲版领带传统的花纹之一，多用于麻或棉质的领带中。最经典的有苏格兰方格花纹（Tartan check）、马德拉斯彩格花纹（Madras check）、棋盘格花纹（Hound's tooth）等。满地花纹（Allover）是格子花纹的细密形式，可直译为"充满花纹"的意思。整体上呈现几何形碎花图案，属于领带中较正式的纹样。

2. 面板花纹

面板花纹（Panel pattern）是将主题用一种花纹在整个领带中表现出来，是一种看似随意的绘画式图案（Figurative pattern）。而且根据面板花纹在领带中分布的不同会产生像电影一样的画面，比如在结头附近的花纹（Under-knot panel）、在边缘附近的花纹（Border Panel）等。绘画式图案（Figurative pattern）是用绘画形式（无重复的）表现出的花纹风格。花卉图案（Floral）与面板花纹和绘画式图案有着共同的特点就是花纹的不重复性，因此它们都是颇具个性化的纹样。花卉图案的风格是以花朵、花瓣、枝叶等共同构成的一种万紫千红的花纹为宗旨，因此它是娱乐性休闲社交的选择。

3. 民族花纹

民族花纹（Ethnic）包括印度印花布（India Calico）、爪哇印花布（Java Calico）、蔓藤花纹、印加花纹，是具有代表性民族风格的图案。它是从不同国家的文化、自然风貌和生活习惯中所产生的传统花纹。以花、草木等植物为主题的民族图案是它的特征，多用在娱乐性社交和非正式商务。佩斯利涡旋花纹（Paisley）是一种古老的民族印花图案，珠宝图案和涡旋图案的组合是它的特点。自古以来这种图案在英国古典风格的服饰品中，追求异域风尚的典范，是领带、披巾以及围巾和运动衬衫中表达艺术休闲不可或缺的。尽管它需要使用多种颜色表达，但它充满古韵的气息与其说是花哨不如说是质朴，这种独特的古雅韵味是其最大的魅力而被视为"优雅休闲"的绅士符号。小佩斯利涡旋花纹（Small paisley）是领带传统印花图案的一种，碎花风格的小珠宝图案、涡旋图案是它的最大特点。

4. 圆点花纹

圆点花纹（Dot）是所有大小圆点花纹的统称。小花纹（Spaced allover）是指大间隔均匀散步的图案，圆点图案、满天星图案和徽章花纹是它的典型，是可以与条纹领带比肩的商务领带。根据圆点的大小又分多种，直径在 1cm 程度的 铆钉大小的称为小圆点（Pin dot），直径在 2~3cm 硬币大圆点（Coin dot），介于它们之间的称为中圆点（Polka dot）。更小的圆点图案称为满天星（Shower spot）。因为圆点大小很难界定，大约是直径 1cm，相当于 25 美分硬币大小，故也被称为 Quarter dot。圆点直径约在 0.5~1cm 的多用于编织提花纹，也有印花的，这种花纹作为时尚元素初次出现在 19 世纪 90 年代，现在已成为商务领带经典图案之一，而成为满天星领带的标志性图案（图 3-19）。

| 格子花纹 | 圆点花纹 | 面板花纹 | 佩斯利花纹 | 民族花纹 |

图 3-19　花式图案的基本类型

五、领饰、扣饰、腰饰

　　细节决定成败，格调往往是通过一些看似不起眼的小物件中流露出来的。在影视或文学作品中，细节通常是判断人物性格和生活品质的制高点，无论从他喜欢的口袋类型、折叠手帕的方式，还是潜意识捏一下领带的动作，每一种细节都有着不可替代的符号性语言背景，迅速地传递出主人公的品位和阶级特征。衬衫最能诠释这些细节，它是和领带一起，将衬衫饰件和领带饰件裹胁着缔造了一个永恒的形象叫"优雅"。

（一）领饰

　　领部饰物（Collar pin）广义上讲是指正装衬衫的领部固定物组合饰件的总称，狭义上讲是指领部固定物，特别是指安全饰针。领部饰物分三种类别，单纯衬衫领子的饰物、配合阿斯科特领巾的饰物与配合领带的饰物。单纯领子的饰物有领尖固件和领链，它们都有显富之气而在商务衬衫中被敬而远之。领尖固件（Collar tip）是指在领尖处的饰物，将领尖用三角形的金属物装饰。原本它是西部风格专用的附属物，现在是和翻领别针（Lapel Pin）、胸针（Broach）一样，作为时装饰物而成为个性达人的标签，它流行于 1985 年。领链（Collar chain）也是领子饰物的一种，用于衬衫领悬垂于领尖上的链状装饰物。链子两端是用夹子夹在衬衫领上固定。于 1986 年初次出现，因它的非主流出身而与商务衬衫无缘（图 3-20）。

| 领尖固件 | 领链 |

图 3-20　领尖饰物

　　阿斯科特领巾和领带的饰物有饰针（Stick pin）、领带针（Tie pin）、领带扣针、领带夹、领带链、领带结固件、领夹针、领棒等（图 3-21、图 3-22）。

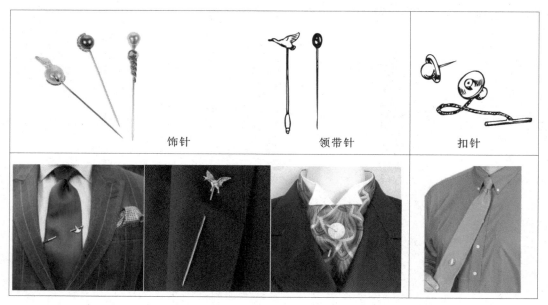

图 3-21 阿斯科特领巾和领带饰物

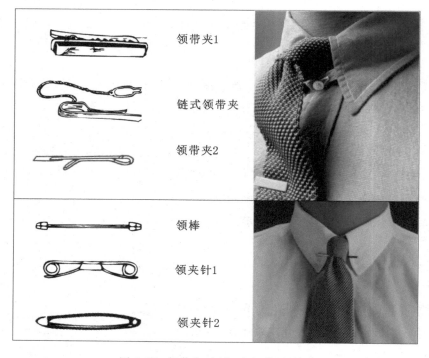

图 3-22 领带夹（上）与领结固件（下）

饰针是固定阿斯科特巾或领带的针状饰物，顶部装饰有珍珠、宝石或其他金银制的精细饰物。

领带针（Necktie pin）是它们的古语，类似语有 Solitaire、Stock pin、Scarf pin、Tie pin，是阿斯科特领巾和领带固定物器中的古典型，也是安全饰针的作用。

领带扣针是领带固定器的讲究版，也用在阿斯科特领巾上。结构是钉扣链式的结合物。通常使用时在饰针的顶部装饰有宝石以及金属物精细加工，使用时从顶部的内侧出来的短针将领带扎穿，再将其塞入座台的针孔中锁住。

领带夹（Tie clip）是领带固定最普通的一种，它是带有弹力的，将领带夹住固定在衬衫门襟上。类似语有 Bill clip、Tie Flask。

领带棒（Tie bar）是领带夹的简装版，是塞入式的领带固定器。

领带琏（Cravat chain）是琏式领夹。

领带结固件是塑造领带结造型的，但固件只和领子形成紧密装置，是领带结托起产生美妙的立体效果，这通常成为华丽商务衬衫的标志。

领夹针（Collar Pin）是领带结固件的一种，是插入式的领部固件，也是最容易使用的。

领棒（Collar bar）如字面意思是棒状的领部固定物，结合针孔领（Eyelet collar）使用的领部饰针（Collar Pin）。它是领带结套件最复杂的一样，也是最华丽的商务衬衫。

（二）扣饰

扣饰是完全用在晚礼服衬衫上的装饰扣。领扣（Collar studs）是配合可拆装衬衫领所专用的小号的固定纽扣。在古典的拆装衬衫领（特别是翼型领）中是不可或缺的装饰物，类似语有 Collar button（图3-23）。

衬衫装饰扣分门襟扣和袖扣。门襟扣（Stud button）是指晚礼服衬衫胸前的3~4粒装饰扣，材质一般以珍珠类纽扣为主。在燕尾服衬衫中使用白珍珠或者其他白色的宝石，在塔士多礼服衬衫中则使用黑珍珠或者缟玛瑙等的宝石类饰纽，并且这些在双方的袖扣（Cuff links）中也都原封不动的被使用。而在白天的正式衬衫中只在袖扣上使用金、银或半正式的宝石（Semi-Precious Stone）等这一类朴素的材质。

正装纽扣（Dress studs）就是三个胸扣和一对袖扣装饰套件（Stud set），而成为塔士多礼服和燕尾服衬衫不可或缺的装饰品（图3-24）。偶尔也组合有正装背心（Formal vest）的背心装饰扣（Waistcoat button），这种背心主要是三粒

图3-23 可拆装领扣

扣的燕尾服背心，类似语是 Dress stud。

袖扣是为穿着双层或单层卡夫衬衫的专用链扣，同时也是希望享受不同衬衫穿搭兴趣的男士最重视的细节（图 3-25）。因此，使用袖扣的衬衫除了礼服衬衫在商务衬衫中叶普遍使用。用于点缀简单素雅的造型时，建议依个人喜好挑选样式，但必须留意穿着燕尾服衬衫时选择白蝶贝或珍珠材质，穿塔士多礼服衬衫时选用黑蝶贝材质的袖扣。建议至少准备白色或橡胶材质的袖扣使用范围广，正式和休闲两相宜。袖扣也称卡夫纽扣（Cuff links），是单层或法式卡夫中专配的袖扣（Accessories）。用在商务衬衫的装饰性袖扣，使用各种贵金属、宝石类等。袖扣的来历初次出现是在 17 世纪末，普及是从 1840 年才开始的。Cuff links 这个词被使用是从 1788 年开始的，之前它被称为 Cuff button（卡夫纽扣）、Sleeve button（袖子纽扣）。卡夫固件还有一种卡夫夹（Cuff holder），是正式衬衫（Dress shirt）用的袖夹，用于固定衬衫卡夫的别针式（Clip）固定器，流行于爱德华 7 世时代。当今成为与众不同绅士的暗器。

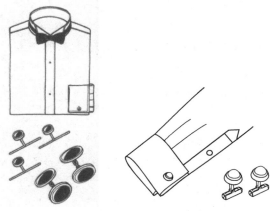

图 3-24 装饰纽扣套件　　　图 3-25 袖扣

为了恰好的控制卡夫露出外衣袖口的尺寸（约 1.5cm），要借助袖长调解带。袖长调解带（Sleeve garter）是正式衬衫的袖长调解器。把衬衫袖子调整到最合适的长度（露出西装袖 1.5cm 左右），在肘关节上部固定。这种装置类似于两头有金属卡扣（Clip）的松紧带，也有用皮革制品的。作为一种"暗器"配饰（Onepoint accessory）而使用，还有金属制如手镯状的调节环，也被称为臂环（Arm band）。类似语几乎成为优雅装扮的密语，如 Shirt Garter、Arm Garter、Sleeve Clip、Arm Strap（图 3-26）。

图 3-26 袖长调解器

（三）腰饰

腰饰也是晚礼服衬衫的专属品。主要是礼服背心（Dress vest）的替代物卡玛绉饰带（Cummer bund）。卡玛绉饰带是配合塔士多衬衫或燕尾服衬衫使用的腰封。

这是正式晚礼服简装化的大趋势，但仍有深厚的历史积淀。在 1892 年作为晚礼服用白色背心（Vest）的代用品，在英属印度当时英国驻印度殖民军的年轻将官们将会餐时穿的梅斯服（Mess jacket），用卷成双层黑丝绸制成的宽腰带，替代背心以适应干热的印度气候，被视为卡玛绉饰带的开端。这种既简单又个性化的晚礼服装备很快就传到了各个连队，并作为非正式晚礼服背心（Vest）的代替物，被年轻的军官们推崇，1893 年它就登陆了英国本土，并很快作为盛夏晚礼服的装饰物而流行起来。特别是在同年的 8 月伦敦西区（West End）的年轻时尚绅士之间变得非常流行，据说它已经不单单是被当作晚宴服的标准配饰，也被当作白天时尚礼服的元素所喜欢。其结果就是色彩鲜艳的卡玛绉饰带突然之间开始吸引大家的眼球，并波及到了英国的国会下院。《TAILOR & CUTTER》杂志在 1893 年 8 月号中登出了一篇人物报道，由黄色和红色搭配而成夸张图案的卡玛绉饰带在下院议员中被发现。然而这种装饰物的热潮在 2 年后就完全消退了，又回到了原始状态。可见只有经典的东西才能跨越世纪并延存下来，到现在为止也都被绅士们传承并坚守的原因。

　　后来以此得到灵感又出现了卡玛背心（Cummer vest）成为塔士多礼服（Tuxedo）腰饰的又一种选择。它初次出现于 1892 年，1906 年流行。腰带背心（Sash vest）与卡玛背心同义。最初出现时是无后背背心，并带有口袋，当时是作为夏季晚宴服在年轻绅士中流行。斯凯尔顿背心（Skelton vest）是无后背背心（Backless waistcoat）的同义语。Skelton vest 是于 19 世纪 50 年代前半叶首次出现在美国的服饰用语中。主要是指盛夏没有衬里的背心，后来演变成无后背的背心而成为白色燕尾服背心的改良版。在卡玛绉饰带的启发下，大部分前身和口袋也被省略掉了，成为真正的卡玛背心（图 3-27）。

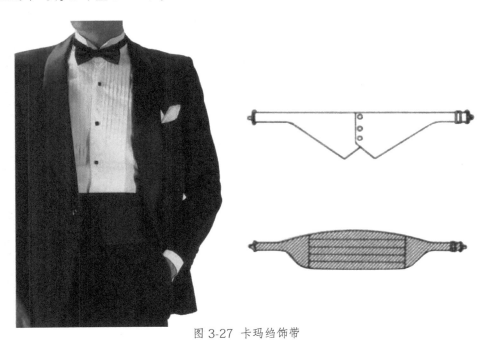

图 3-27　卡玛绉饰带

‖ 第四章 ‖

礼服衬衫的
社交语言

　　尽管男士衬衫只是 THE DRESS CODE 中的一个普通单品，却在社交中传递修养品位信息的重要性可想而知。毋庸置疑，做到着装高雅并且具有个性是永恒的审美，那么掌握规则如同能够以非凡的方式运用语言。看似形制类似的衬衫其实拥有着其形式世界独特的内涵与规则的约束，虽然形制的基本结构是衬衫最直接的表达，但因 TPO（时间、地点、场合）的改变所使用的部件要素、色彩及其图案类型会有所改变而赋予衬衫新的含义。所以衬衫形制的部件要素、色彩倾向和图案类型表现出明显的个人修养和社交取向。

一、礼服衬衫元素的社交语汇

　　男士衬衫根据场合的不同，分为礼服衬衫、商务衬衫、休闲衬衫和户外衬衫。礼服衬衫根据适用时间的不同，又分为晚礼服衬衫和日间礼服衬衫；晚礼服衬衫，顾名思义，穿着于晚上的正式场合，由于大多在室内活动，所以无需考虑保暖问题，V区暴露较多且以华丽装饰，胸前有U形硬衬胸裆或竖向褶裥等。日间礼服衬衫与晚礼服衬衫则恰恰相反，多穿着于白天室外的正式场合，保暖起见，V区暴露较少，且款式造型简洁，胸前无任何装饰物，故又称为素胸衬衫。根据隆重和讲究的程度，领型分为翼领和企领，卡夫分为礼服用的双层卡夫（法式卡夫）、单层卡夫，和普通衬衫用的筒形卡夫。领子和卡夫的形制是确定整个衬衫基调的关键，体现其品格的标志。所以判断一个男人是否准绅士，从他穿着衬衫领型和卡夫的匹配度便可找到依据。正式衬衫比休闲衬衫的领子高耸而坚挺，这也是因为它要以抑制头部"乱动"来推升"高傲"姿态的出现，这几乎是社交的职业化和高贵感的利器。因此可以说，衬衫的领子越硬越高，其礼仪级别就越高，领子和胸部元件的联盟形制成为礼服衬衫的标志性符号。法国卡夫和卡夫链扣在彰显绅士品位优雅内涵的地方有着举足轻重的作用，被称为礼服衬衫的标志。尽管卡夫链扣体积小，但会提高整体着装形象。在礼服衬衫中卡夫链扣必须与双层卡夫配合使用，当然根据礼服级别的降低也可与礼服衬衫的单层卡夫配合使用。普通衬衫的单层卡夫由于结构的改变而不能使用链扣，故它不在礼服衬衫范围之内。卡夫链扣是将两端扣饰通过中间的连接柱状或链条固定，使用时才与双层卡夫结合，不使用时卸下，这也是男人首饰的突出特点。各种造型的卡夫链扣有圆形、方形、动物图案型等贵金属、各种宝石制作而成，价格比衬衫本身还贵，当然也有朴素的材质，但并不因此而降低品位，这或许就是男人驾御饰品的智慧（图4-1）。建议至少准备白色或银色橡胶材质的链扣，适用范围广，正式、休闲两相宜。袖口露出西装2cm左右，营造出成熟魅力的形象。

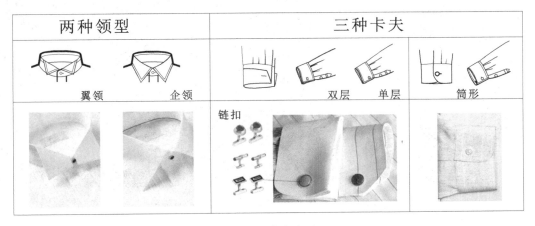

图 4-1　领型与卡夫类型

质量上乘的衬衫面料为 100% 纯棉。价格自然比混纺贵，其舒适感不仅体现在触觉上，还包括视觉，也代表着奢侈和传统的概念。作为自然纤维，棉满足身体自然的需求。棉的呼吸，可以使身体在需要时自行降温，身体出汗时，棉又有吸收潮气的功能。另外一个判断织物质量的方法，就是看每平方英寸的纱支数，纱支数越高，面料的质量越好。牛津布是一种粗廉的织物，因此不是礼服衬衫选择的范围，常用于休闲衬衫。

二、晚礼服衬衫

礼服衬衫共同的社交语言就是白色，讲究规范的领型、克夫、板型（工艺）和面料。晚礼服和日间礼服衬衫的社交语言，表现在元件形式上，既有时间上的区别，又有级别上的差异，晚礼服衬衫的社交语言即表现在级别上的差异。

（一）燕尾服衬衫

燕尾服搭配燕尾服衬衫，时常出现在特定的典礼、婚宴、大型古典音乐、古典交际舞比赛，豪华宾馆指定的公关先生或者像诺贝尔颁奖典礼这样的古老仪式上，而这些场合也保留在那些像英国、北欧、日本等君主制的国家里，这种请帖会有强制性专语提示（图 4-2）。燕尾服衬衫搭配的燕尾服为礼仪级别最高，而礼仪等级越高其配服配饰的专属性就越强，历史越悠久，形制已基本程式化，这也决定着燕尾服衬衫的每个设计点都堪称经典元素。如胸前用白色凹凸织物裁剪成 U 字形的胸裆，且用浆制工艺使其硬挺平坦，与之配合的前襟六粒纽扣，胸部三粒由白珍珠或其他白色宝石单独制成，有黏合衬的大翼领和使用链扣连接的双层卡夫、这便是燕尾服的专属衬衫（链扣为宝石、珍珠、黄金等珍贵材料制作）（图 4-3）。

图 4-2 燕尾服与 U 形硬胸衬衬衫成为专属搭配

① 白领结、
　凸纹硬衬胸档
② 胸前纽扣与袖口
③ 可拆装双翼领
④ 双层卡夫
⑤ 袖扣

图 4-3　对燕尾服衬衫细节的有效把握宣示着驾驭礼服的修养

（二）塔士多礼服衬衫

　　参加晚间正式的晚宴、舞会、观剧、受奖仪式、鸡尾酒会等多穿着塔士多礼服，当然正式请帖上会有明确提示。它作为晚间第一礼服燕尾服的现代简装版礼服形式，与燕尾服一致作为晚间专属礼服，同时也有着自己的一套着装准则。从其诞生到演变至今发展成为英国版、美国版、法国版和夏季塔士多（包括梅斯）四个经典的版本。因此不同于其他的礼服，塔士多有多种版本的黄金组合。但是作为塔士多礼服配服的专属衬衫却适合任何版本的塔士多礼服。塔士多礼服衬衫与休闲版的吸烟服也可以搭配使用。

　　与塔士多礼服搭配的衬衫有两种选择，胸前三粒黑质料明纽扣或者胸前暗扣衬衫，它们都是塔士多的专属衬衫（图4-4）。与燕尾服衬衫相比其最明显的特征是胸前有精致细密的软褶裥，突显其装饰性的特性。领型为翼领或企领形式，翼领有崇英暗示，企领是追求舒适的美国风格。从塔士多衬衫衍生出的花式 Tuxedo 衬衫变化更加丰富，对人们追求个性，展现自我更具有包容性，但是这种花式礼服衬衣与正式 Tuxedo 搭

胸前暗扣　　　黑质料明扣

图 4-4　塔士多衬衫前襟两种基本格式

配时匹配度较低，穿着塔士多出席正式晚宴时建议搭配标准 Tuxedo 礼服衬衣更显优雅品位。

在正式场合，塔士多礼服背心或卡玛绉饰带和裤子吊带均用黑色，用其他颜色会有社交风险，这时不用配有腰带的裤子亦有失水准（图 4-5）。塔士多礼服衬衫领型有两种基本形式，即双翼领和企领，一般情况翼领衬衫多出现在英式风格中，企领衬衫应为美式风格的标准，但交换使用没有禁忌。前门襟两边为排式褶裥是替代燕尾服衬衫胸前 U 形硬衬的改良设计。前门襟无胸扣时常采用绣花明门襟设计暗扣固定；前门襟有三粒胸扣时多采用素面明门襟设计。三粒胸扣要用嵌入式黑色宝石或人造黑色宝石的专用纽扣，袖子卡夫上的链扣也取同样风格，这是惯例，以便与燕尾服白色胸扣、袖扣加以区别并与各自的色调统一，即燕尾服配饰为白色主题；塔士多礼服配饰为黑色主题。塔士多如果借用燕尾服的硬胸衬衬衣是不忌讳的，但胸扣和袖扣应采用塔士多的黑色调元素（图 4-6）。

图 4-5 塔士多衬衫与卡玛绉饰带、背心、吊带搭配的案例

花式塔士多礼服在塔士多家族中习惯认为属于便装晚礼服范畴，多用于娱乐性场合。请柬上注有"IN BLACK TIE"（请系黑色领结），正确的选择是标准塔士多礼服。但这不意味着花式塔士多永远不能加入标准晚装系列，在一定范围内标准塔士多和花式塔士多只有严肃和

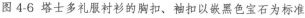

图 4-6 塔士多礼服衬衫的胸扣、袖扣以嵌黑色宝石为标准

华丽、稳重和活泼等性格上的区别，而后者更能表现出个性特征和身份气息，往往后者的某种式样随着时间的推移被广泛接受便成为新的礼服样式。塔士多礼服衬衫的花式衬衫给男士提供了更多的个性追求和选择空间。不过搭配时还是需要把握一个基本原则，即搭配元素和方式越接近标准塔士多，其级别越高社交风险也小，相反装饰因素越多级别越低社交风险也多增加。

（三）晚礼服衬衫与领结

领饰既是礼服的视觉中心也是识别礼服级别的重要指标，这或许就是践行英国伟大艺术家奥斯卡·王尔德（Oscar wilde）的"精心系上领带是开启精致生活的第一步"。

领饰分为三种——领结、领巾和领带，只有领结是暗示晚间社交值得精心雕琢的语汇。据说领结是由几个世纪前从白色可洗的陈旧服装演变而来的，是将白色陈旧衬衣缠绕于脖子几圈后在前面打个结。显然这是劳作时的护颈行为，最后发展为一条细长布缠于脖子上，然后系成像蝴蝶形状的结，成为讲究社交的符号，它主要用于燕尾服、塔士多礼服等各种晚礼服上是基于它小巧的形制。款式分方形和菱形蝴蝶结两种。简装形式也可以采用成品领结，不过，这不是准绅士的风格。从领结短小的造型我们可以看出它属于晚间元素，因为晚上的宴会比较多，搭配细长的领带很容易使领带的尖端部分掉进餐盘里，极为不雅，所以成为晚礼服的标志。不过蝴蝶结比例避免过大或过小。不合时宜的大领结，会使脖子看起来像被礼品包装过一样，过小的领结则使人显得呆板。按照经验的标准，蝴蝶结领带不宜超过脖子的最宽处或衬衫领角的宽度。

领结大致可分为白领结、黑领结和花式领结三种，它们的共同点是都用于晚间社交，不同点是白色级别最高，黑色为正式，花式为非正式。不过花式领结所搭配的衬衫相对统一（白色）只是在细节上做适应性调整。白领结与燕尾服衬衫搭配，而成为燕尾服的代名词；黑领结与塔士多衬衫搭配，是塔士多礼服的标准元素；花式领结往往与花式塔士多衬衫搭配，有非正式或娱乐场合晚礼服的暗示。因此，主流社交的组织者为告知与会者的得体着装，请柬上往往会注明"请系白领结"或"请系黑领结"的字样，就是提示参与者的着装为燕尾服或塔士多礼服的帐套装备，其中衬衫是领饰和主服的媒介。也就是说领饰与衬衫配伍准确就标定了主服，否则主服就会失去目标，这样的结果可判断为晚礼服社交的优雅装备（图4-7）。

交叉式领带是缎带领带（Ribbon tie）的一种，是宽约4cm、长约50cm、将罗缎缎带（Grosgrain Ribbon）在前边相交叉并使交叉部分用领带夹（Necktie pin）固定的领带。其初次登台于19世纪90年代，最开始是休闲用的领带。在经过从20世纪50年代开始到60年代初期这段时间后，它作为燕尾服用的领带（Close-up）。

白领结
■■■■

菱形黑领结
■■■□

方形黑领结
■■□□

花式领结
■□□□

系领结步骤

1

2

3

4

成品领结

上图为白领结，左下图为黑领结，右下图为花式领结

图 4-7　晚礼服（衬衫）与领结礼仪级别的社交取向

三、日间礼服衬衫

日间礼服衬衫与晚礼服衬衫相比，无论在社交规模还是在社交层级上都相对单一，衬衫社交语言也单纯直接。这也反映出当今主流社交"重月轻日"的礼服特点。

（一）晨礼服衬衫与董事套装衬衫

晨礼服和董事套装衬衫几乎可以通用，但不能与晚礼服衬衫交换。晨礼服被视为日间第一礼服，与晚间第一礼服燕尾服属不同时间同一级别。在当今的社交生活中，它一般不作为正式日间礼服使用，只作为公式化的特别礼服。经常出现于隆重的典礼、授勋仪式、大型古典音乐的艺术家、结婚典礼、特别的告别仪式等，时间必须在白天。晨礼服衬衫与晚礼服衬衫相比也没有那么华丽。晨礼服衬衫，衣领可以是普通衬衫领或者翼领，正式的袖口则是双层克夫。胸部为平整的素胸，所谓素胸衬衫就是由此而来（图4-8）。如果是立领的话则有有褶裥的和没有褶裥的两种。

图 4-8 日间礼服衬衫

礼服衬衫在运用时虽更为严谨和苛刻，但日间礼服和夜间礼服又因时间属性上的不同，在搭配中的灵活性和匹配度上显现出细微的差别。日间礼服相对于夜间礼服而言，时间上的兼容度更高，适用范围更广。比如虽然晨礼服衬衫礼仪等级相对西服套装衬衫略高，但其日间性使得与全天候无时间限制的西服套装搭配时不属于禁忌。而燕尾服衬衫则不能与西服套装搭配，夜间礼服的元素在运用中专属性更强，灵活性较弱。此外，在与西服套装搭配时，外穿衬衣因时间上与西服套装一致属于全天候性，但礼仪等级较低，建议不采用。

董事套装为日间正式场合穿着的礼服，作为晨礼服的替代物和略装形式，是其大众化、职业化的结果。在配饰的搭配上依然沿袭严谨的礼服制度，但同时作为过渡性的礼服，没有晨礼服在公式化场合的象征意义，也没有黑色套装在社交上的全能性，所以董事套装的实用范围有一定的局限性。在当今的社交场合中选择其出席的场合虽有限，但却仍然作为某些特定场合的专属性服装，例如每年一度的维也纳新年音乐会、婚礼仪式等。

（二）日间礼服衬衫的阿斯科特领巾和领带

阿斯科特领巾（Ascot Tie）形成于19世纪末的英国，因为名字来源于在阿斯克特举行一年一度的皇家赛马会（Royal Ascot），也由此决定了它的贵族身份。这些除了提示它是日间礼服的搭配外也是身份和地位的象征。主要与晨礼服或董事套装搭配使用。

阿斯科特领巾是男士正式领饰中常见的风格，由围巾演化而来，用较厚的梭织丝绸制成，类似于现代的领巾，传统色为灰色或黑色。这种常见的正式领巾通常有图案，打结起来后用领带饰针固定。传统上，阿斯科特领巾与晨礼服、白色双翼领衬衫、黑灰条纹裤子搭配被保留用于白天的正式的隆重场合，必须扎在翼领衬衫的外面。董事套装作为晨礼服的简装版，搭配阿斯科特领巾亦为正式搭配，有复古的味道，主要用于日间正式场合，比如婚礼仪式、典礼仪式等。后又推广到休闲社交中，成为日间非正式场合的绅士标签，其系扎的方法不用翼领而用企领衬衫里面，以暗示这是一种讲究的休闲打扮（图4-9）。

阿斯科特领巾的标准构造是将中间部分折成若干褶裥车缝固定并烫熨平整，两端自然散开。其成品在专用男装店有售，高端制品也会采用定制。打结方法分交叉法亦称蝉型巾和悬垂巾两种，最后要用专用的扣针固定。其扎法类似领带比领带要宽松，但必须与翼领素胸衬衫结合使用，并用镶有宝石或金银球型饰针进行固定（图4-10）。

作为晨礼服的简装版，董事套装搭配领带也很讲究。董事套装为正式礼服，其领带搭配的选择也要慎重。标准的四步活结领带是首选，不过领带越宽越显古典优雅；越窄越趋向自我个性一些。颜色为灰色级别最高，素色、银色且具备华丽光泽感及典雅的图案花纹次之，近年来又陆续出现军蓝色系、香槟金等领带。

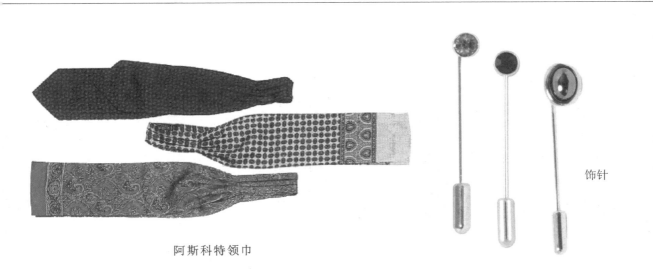

阿斯科特领巾

饰针

阿斯科特领巾与晨礼服搭配

阿斯科特领巾与休闲西装搭配

图 4-9 阿斯科特领巾打结的日间礼服和休闲西装的形制

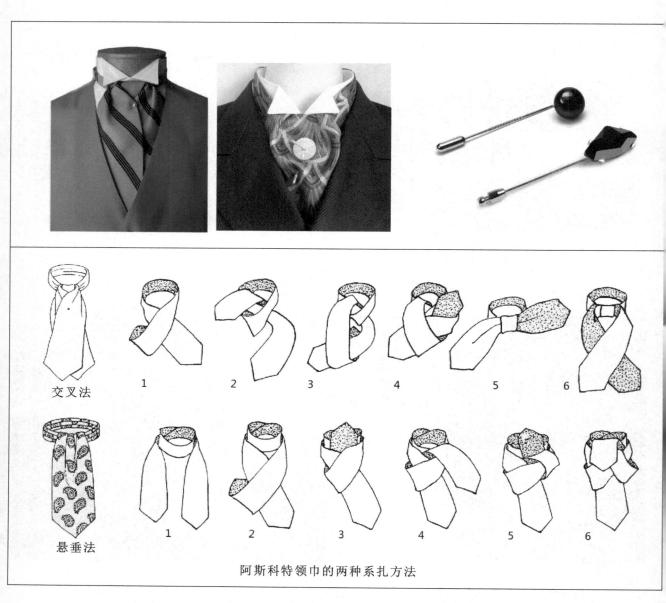

交叉法

悬垂法

阿斯科特领巾的两种系扎方法

图 4-10 阿斯科特领巾的两种系扎方法与实例

第五章

礼服衬衫的
个性定制

　　定制礼服衬衫，与其说是定制一件衣服，不如说是体验一种精致的生活方式。英国名绅布鲁梅尔勋爵主张"绅士的优雅表现在不被注意，甚至不被察觉的细节当中"。礼服衬衫虽为配角，但礼服社交的成功与否则尽在对其细节变化与运用的把握。

一、晚礼服衬衫的程式语言

礼服衬衫晚间和日间的区别几乎是符号化的，主要表现在胸饰的细节上。其他元素可以说是所有礼服衬衫共通的定式。例如礼服衬衫作为内穿衬衫前短后长的圆摆造型是与它总要放到裤腰里的固定穿着方式有关，这种方式不改变，衬衫对应的形态也就不会改变。领型变化是衬衫定制的焦点，扮演着礼服视觉中心的角色，它奠定了礼服品位的基调，这可能也是使衬衫长盛不衰的关键。卡夫是体现男人修养的第二个亮点，由于它结构的繁复和配搭珠宝链扣，在很大程度上传达着准确的涵义，即成就、资本、职业、财富等。衬衫虽然有两种卡夫可以选择，筒形卡夫和法式双层卡夫，礼服衬衫宁可选择后者，这是因为法式卡夫"繁复与搭配珠宝"的条件，法式卡夫便成为绅士优雅打扮的重要标志，当穿上一套深色西服套装，袖口连接处露出法式双层卡夫链扣上的那一点亮光，会产生很多丰富联想，但与这些联想不离不弃的总是高贵和优雅，这是单层卡夫根本无法做到的。这也说明法式卡夫是礼服衬衫标志性语言。门襟、背后褶、口袋、袖衩的设计是基于功能需要而保持经典的样式，这样的款式变化并不十分明显但很耐看。胸裆的存废则是区别晚礼服衬衫和日间礼服衬衫的标志。

二、晚礼服衬衫的定制

晚礼服衬衫主要用于燕尾服和庞大的塔士多礼服家族中。它们的共同特点就是都有胸裆，如何区别它们关键是看对构成细节规制的把握。由此可见所谓个性定制，与其说是我行我素，不如说是掌握绅士的规制，而规制的前提就是弄懂它的"标准件"。

（一）燕尾服衬衫的定制

燕尾服衬衫的标准件有双翼领、U 形凸纹硬衬胸裆、法式卡夫、背后无褶、前短后长的下摆（图 5-1）。当穿着者希望做更多的个性选择时，要了解各部件的变化规律。

图 5-1 燕尾服衬衫标准款

1. 领型

领型定制是要首先考虑的。燕尾服衬衫领型有翼领和企领两种定制趋势,前者为古典版,后者为现代版。翼领又分为大翼领、小翼领、圆形翼领三种领型,总体上不受流行趋势的影响。当然企领也可以选择,它的变化主要在领角,包括锐角、方角、钝角和圆角。它们通常与脸型无关与流行有关,锐角为企领的标准型,圆角为传统型,其他两种则要根据流行判断加以选择(图5-2)。

燕尾服衬衫领型变化系列

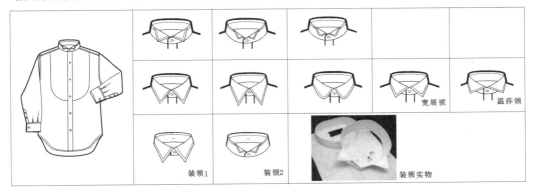

图 5-2 燕尾服衬衫领型的选择

可拆卸衣领的礼服衬衫是最古老的一种,因此它与第一礼服、燕尾服组合堪称古典搭配。它的构造是将外领和底领分而制之,穿着时要"先穿衣后装领"的顺序完成。它的制造,穿着方式的繁复,暗示着英国绅士文化慢生活的特质。从19世纪末20世纪初,直到今天,它几乎没有例外地被视为准绅士的标签。

2. 卡夫

礼服衬衫定制第二个元素要考虑的是卡夫。晚礼服衬衫卡夫虽然可选择双层卡夫、单层卡夫和筒形卡夫,但作为第一晚礼服的衬衫选择最隆重的卡夫形式是明智的。双层卡夫和单层卡夫都属于配合链扣使用的礼服形制,只是更显高贵。它是将两倍的袖口卡夫翻折成双层,并用华丽的链扣通过四个纽扣固定。这种"标配"几乎成为礼服优雅高贵的标签,堪称French cuff(法式卡夫)。在卡夫款式定制上,不论双层卡夫还是单层卡夫,都可以根据流行选择直角、圆角和切角。直角双层卡夫是燕尾服标准,礼仪级别最高。其他款式可以视为个性风格,单层卡夫有"简化"的暗示,筒形卡夫不建议选择。袖口上打褶,袖衩搭门以剑形为主(在便装中也采用方形),剑形布的功能是为了卷袖子方便设计的,因此剑形布要够长。剑形袖衩中间设置一粒小纽扣即防护纽扣,又称名剑形布纽扣,以避免活动时搭缝张开漏出小臂。通常情况下使用比门襟纽扣要小的纽扣。虽然也有的衬衫省略这个纽扣,但作为正式衬衫,它一直以来都是不可或缺地存在着(图5-3)。

燕尾服衬衫卡夫变化系列

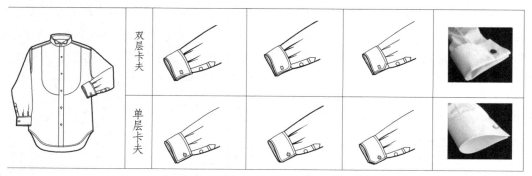

图 5-3　燕尾服衬衫卡夫的选择

3. 胸裆

胸裆设计是所有正式晚礼服不可或缺的，因为这是它的标志物。胸裆的作用是使胸前平整，通过绅士社交文化的历史积淀，它几乎成为晚礼服优雅的符号了。燕尾服衬衫的胸裆设计 U 形最为标准，它利用古老的工艺，将 U 字形的胸裆用浆制过的白色凹凸织物裁剪而成。虽然在材质和工艺上都有不断的改进，有成品化趋势，形状上也有了长方形，鼓形、梯形等，但传统的工艺和标准的 U 字胸裆样式仍是最无风险的选择（图 5-4）。

图 5-4　燕尾服衬衫素面胸裆设计

4. 育克与背褶

衬衫肩育克和背褶是共生的，但礼服衬衫可以无背褶，也可以有背褶，而无背褶的情况更多是因为礼服衬衫不需要过多的活动量而需要平伏。衬衫的背部褶设计其功能是使穿着者活动方便，褶的形式又单褶、双褶和碎褶的区别，它们是因个人喜好和流行选择。育克则是伴随礼服衬衫终生的，这是因为它是男人的标志，不过有缝育克和无缝育克倒是可以选择的。有缝育克是基于前育克线取直丝的结果，工艺亦复杂；无缝育克是基于后育克线取直丝不需要后育克后中破缝，工艺也简单。作为单一白色的面料无缝育克更看好（图5-5）。

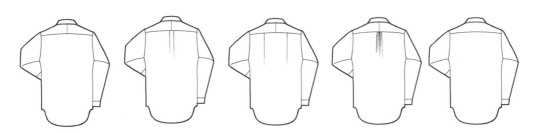

图 5-5　燕尾服衬衫育克两种形制与背部褶选择

5. 门襟

燕尾服衬衫门襟设计相比其他元素是最容易被忽略的地方，这是因为大多数情况把普通衬衫和晚礼服衬衫的穿着方式混同造成的，晚礼服衬衫的门襟要比普通衬衫讲究很多，比如它必须用专用胸扣固定用在明门襟上，根据胸扣的构造扣眼分为两种，即圆形和长方形。纽扣为宝石、珍珠或贵金属纽扣。胸裆第三粒扣的下面设计一个扣襻，扣襻上有两个活动扣眼，是与裤子门襟上的扣子扣合用的。这样的设计是为了在站起坐下频繁活动时衬衫不至于从裤子里脱出来造成社交的尴尬。

暗门襟在晚礼服衬衫中是常见的，门襟构造是将衬衫的前门翻折到内侧的门襟，纽扣藏于内部。虽然这是一种简约而质朴的风格，因为珠宝纽扣没有了用武之地，然而这正是绅士文化秉承的精神（图5-6）。

内襻
装置

图 5-6　燕尾服衬衫两种标准门襟和内襻装置

由于燕尾服的程式化限制，设计元素早已走向经典。个性选择更多地取决于个人的身份背景，如艺术家、时尚人士等。尽管如此元素选择规格也一定要严格恪守规制。礼服衬衫颜色颜色当然只有白色可用，布料也仅限于棉布或者亚麻布、或者高品质的扩绒棉，这是不需要有个性的。

（二）塔士多礼服衬衫的规制与个性定制

塔士多礼服衬衫和燕尾服衬衫虽然都属于晚礼服衬衫，但它们存在着明显的且为标志性的分别，即燕尾服衬衫为素面的胸褡；塔士多礼服衬衫为花式胸褡，原则上它们不能交换使用，且素面社交级别属于花式。其他元素均为通用（图5-7）。

塔士多礼服衬衫的领型设计虽然没有燕尾服衬衫那么考究，但基本上可以通用。领型款式也是在翼领和企领之间选择，而且企领系列成为主流（图5-8）。

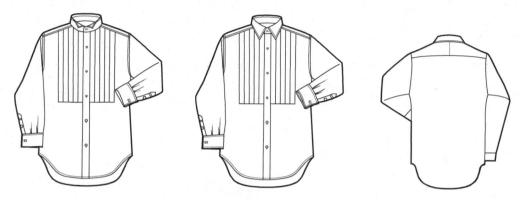

图 5-7 塔士多礼服衬衫标准款

塔士多礼服衬衫领型变化系列

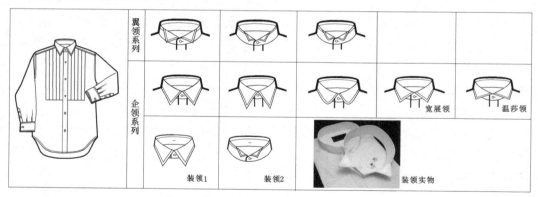

图 5-8 塔士多礼服衬衫领型与燕尾服通用

在卡夫的选择上，如果说双层卡夫在燕尾服衬衫中更具强制性的话，在塔士多礼服衬衫则是一种考究的穿法，隆重的风格。因此单层卡夫在塔士多礼服衬衫中也被广泛使用，甚至筒形卡夫（Barrel cuff）也不能拒绝，只是它在暗示"很朴素但很优雅"。由此可见，相比于燕尾服衬衫的严谨、古朴、典雅，塔士多衬衫的多变、灵活方便，对个性化元素更兼容。因此，在当今主流社交中，作为晚礼服衬衫，塔士多衬衫系统成为事实上的主导（图5-9）。

塔士多礼服衬衫卡夫变化系列

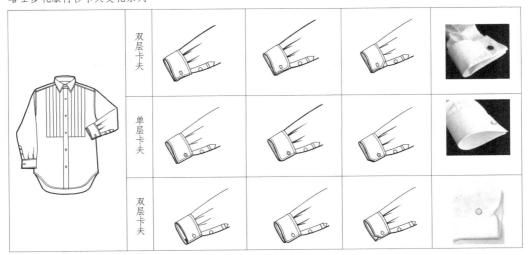

图 5-9 塔士多礼服衬衫卡夫系列以双层卡夫为主

花式胸裆设计的丰富性是针对包括经典版塔士多、夏季塔士多、花式塔士多和梅斯塔士多在内的庞大塔士多礼服家族而共生的。塔士多礼服衬衫对花式胸裆时尚元素的兼容，让塔士多礼服个性定制产生无限空间，这也是塔士多礼服能逐渐取代燕尾服的重要原因之一。花式胸裆从素面胸裆（燕尾服衬衫）演变而来，就是基于简化、方便、适应个性定制的考虑。由于材料学科和技术的进步，胸裆的样式有了更多的选择，除了标准的长方形竖排褶裥的胸裆以外，出现了花样多变的成品材料的胸裆，如竖向褶、横向褶、斜向褶、曲线花纹等；胸裆形状也不局限传统一种，有 U 形胸裆、长方形胸裆、鼓形胸裆、倒梯形胸裆等（图 5-10）。

根据功用胸裆设计有两个要点要注意，胸前的褶裥不能超过裤子腰带部位，否则当坐下或弯腰时胸裆在腰带内部会造成无法消除的"壅塞"；同时也要避免胸裆上窜过度跑到背心（或卡玛绉饰带）的外边，办法是通常在衬衫前面设计一个有双扣眼的拉襻与裤子腰带上的纽扣结合扣在一起，这也在暗示一件高级定制衬衫的诞生（图5-11）。

无论什么样式的胸裆塔士多礼服衬衫的门襟只有明门襟和暗门襟两种选择（图5-12）。

塔士多礼服衬衫个性定制虽然比燕尾服衬衫随意度更大，将元素打散，重新组合的方式，但一定要视场合和身份而定。一般情况下，晚间正式的娱乐性场合或俱乐部活动选择花式塔士多礼服，衬衫领型和胸裆会多些概念的设计。场合越正式，元素选择越要传统、经典，这样会最大限度地降低社会风险（图 5-13）。

塔士多礼服衬衫花式胸裆系列

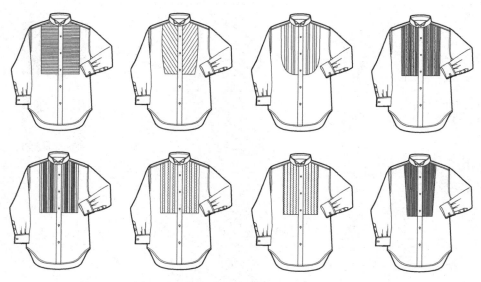

图 5-10　塔士多礼服衬衫花式胸裆设计

图 5-11　衬衫固定胸裆拉襻

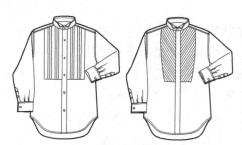

图 5-12　塔士多礼服衬衫门襟设计

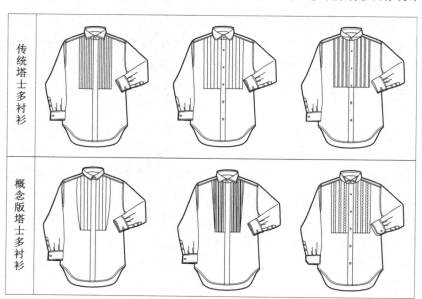

图 5-13　塔士多礼服衬衫定制的传统版和概念版两个趋势

三、日间礼服衬衫的定制

日间礼服衬衫主要用于晨礼服和简装版董事套装中。它的最大特点与晚礼服衬衫相比，没有那么华丽，主要表现在素胸设计上，这是由它传统的领巾（阿斯科特领巾）和双排扣高开领背心"标配方式"有关。因此，素胸衬衫和胸裆衬衫就构成日间礼服衬衫和晚间礼服衬衫两大礼服衬衫阵营，而素胸衬衫的朴素风格又为商务衬衫的发展奠定了基础（图5-14）。而其他的元素，包括领型、卡夫、门襟、育克和背褶都可以和晚礼服衬衫通用，变通规则和方法也完全一样。多数是在风格处理上，由于表达华丽的胸裆的消失，整体上要尽显朴素。

图 5-14 日间礼服衬衫标准款

四、礼服衬衫的板型

礼服衬衫与普通衬衫的整体板型是基本形同的。因为都要与主服搭配，那么其松量设置都要小于主服，故在标准纸样基础上要采用缩量设计。门襟纸样与大身是分开的，燕尾服胸裆采用材质较硬的树脂材料，塔士多礼服衬衫是在燕尾服衬衫基础上将前胸设计成长方形的胸褶。领形纸样设计采用翼领结构。由于翼领几乎没有领面，因此可以直接在立领的结构上进行设计，宽度在5cm以上，保证衬衫领高出礼服翻领2cm以上。还有一种可拆卸领的传统纸样设计方法是将小立领和翼领分开设计，制作时将小立领与衣身一起缝合，翼领与U形胸裆缝合，穿用时二者组合，即用小纽扣将翼领与小立领固定。礼服衬衫的袖口设计是很有特色的，它采用双层复合型结构。袖头的宽度是普通衬衫的两倍，然后通过对折产生双层卡夫（图5-15）。

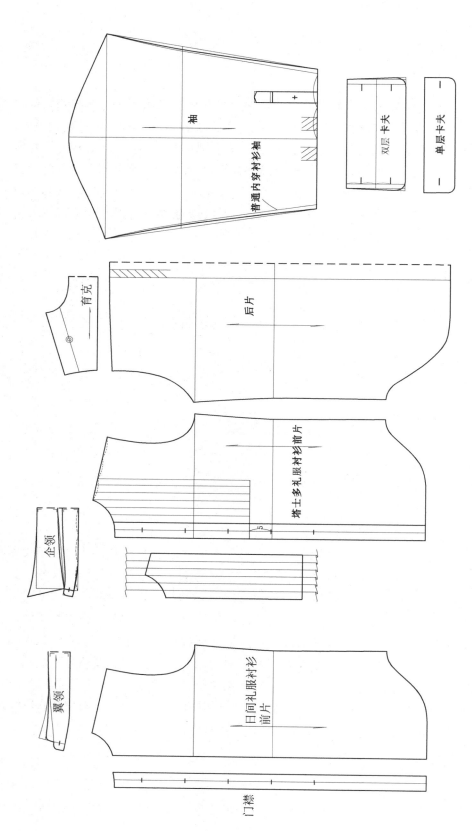

图 5-15 礼服衬衫的板型

第六章

商务衬衫的
社交语言

　　我们总是认为从外表去衡量一个人是多么肤浅和愚蠢，却也总摆脱不了别人每时每刻都在根据一个人的服饰、发型、行为等自我表达方式给出评判。无论接受与否，都在留给别人一个关于形象的印象。而且随着国际一体化的发展，一个团队的面貌也越来越成为企业发展实力的重要手段。因此，形象肯定会影响着一个人的自尊和自信。在当今仍在以一个传统和保守主导的商业模式里，第一印象的重要性不言而喻，但偶然性很强。很多男士为避免穿衣尴尬，就索性交给妻子、女友、顾问来解决，但这样就可以高枕无忧吗？因为他们都不在"体制内"，最好的办法就是做好"商务社交"的功课，男士们必须要认清楚这一点。"商务"是什么？商务是一周中的工作状态和商务活动，它的工作环境是办公室、会议室、会商谈判场所、商务仪式等，商务对象包括工商界高级管理、企业领导、白领、行业伙伴等。这就决定了它们的主服是黑色套装（Black suit）和西服套装（Suit），衬衫一定是围绕它们配置的。这就意味着正式礼服被排除，包括其衬衫的相关配服、配饰也就被排除。值得注意的是国际主流商务接受了"休闲星期五"这个概念，小公司也纷纷效仿而成为现代职场社交"休闲化"格局。因此，运动西装（Blazer）和休闲西装（Jacket）以及相关的衬衫和配饰也以一种商务秩序的面貌出现。可见商务服装不能脱离商务社交语言和规则，商务规则就是"交易社交规则"。商务衬衫元素就是因此而产生的。

一、套装衬衫元素的社交语境

选择商务衬衫确实是一门学问，如何避免千篇一律又不显得另类夸张，最重要的方式就是了解衬衫的职场语言，仔细体会不同款式衬衫的妙处，且要认识它的社交走势。服装趋向休闲化发展，反映出着装的变化是随着生活方式改变，这种改变一定会影响到商务活动。比如 20 世纪 60 年代开始，家庭和办公场所普遍实行中央空调，低碳的理念使衬衫在夏季开始慢慢取代典型的西服套装而成为商务男士衣橱中不可或缺的单品。在当今社会十分普遍的穿衬衫不系领扣的穿法在以前是不被接受的。因为衬衫曾经作为内衣，过多地解开衬衫领扣在过去被当做一种商务社交禁忌。如果没有特殊要求的话，着西装的男士应当始终穿着西装外套，尤其是有女士在场的商务场合。今天商务社交中"休闲星期五"的出现，这一切皆有可能。重要的是这仅为一道开胃小菜，一周的商务主体仍然是衬衫搭配的黑色套装、西服套装。在这种既定的社交语境中，如何穿出个性与风格，从衬衫中得到智慧和办法是它最具魅力的地方。

套装衬衫是正式衬衫商务形式。白色、素胸、硬领企领、筒形卡夫是它的标准配件。然而，领型、卡夫、颜色的变化比礼服衬衫范围要广但不缺少规则，比如领型自身的变化必须在企领范围内，不能采用翼领类型；领饰的搭配只能在领带类型中选择，不能采用领结。卡夫除桶形之外可以使用单层或双层卡夫加链扣形式，不过它有更讲究、正式的暗示；颜色以白色为主打，蓝色和其他浅色系视个人喜好而定，但选择条纹衬衫时不要超过 5mm 宽，总之条纹越细，颜色越淡，商务风险越小，注意格子衬衫不建议划到套装衬衫中，因为它是明显休闲西装的衬衫语言。牧师衬衫与西服套装搭配是表达个性优雅的选择，最经典的形制是白领、白色卡夫配合浅蓝色系设计，也是这类衬衫作为商务衬衫的首选（图 6-1）。

（一）衬衫让黑色套装改变的商务社交取向

由于黑色套装（Black suit）是一种不受任何时间限制的全天候和最具国际性的礼服，成为商务社交正式场合的首选。除此之外黑色套装又有区分正式晚礼服和日间礼服身份的作用，相对应礼服衬衫的元素符号是决定性的。

标准黑色套装配标准衬衫及附属品就是典型的公务商务西装，即礼服的通用型。如果加入塔士多礼服衬衫及附属品便成为晚礼服的简化形式，加入晨礼服衬衫的元素就成为日间礼服的降级形式。黑色套装因此可以接纳所有礼服级别的配服、配饰，并按照全天候、日间、晚间三个时间标准来规划，而这一切都是因为衬衫指引的形成衬衫的三种标准搭配，即普通衬衫是黑色套装的黄金搭配，并成为全天候衬衫；与晨礼服衬衫组合为黑色套装日间礼服的标准搭配（参考晨礼服与董事套装衬衫）；与塔士多礼服衬衫组合黑色套装晚礼服的标准搭配（图 6-2）。

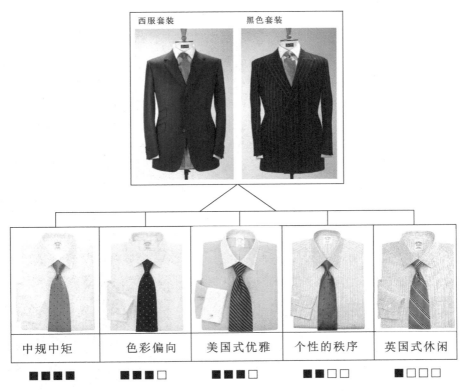

图 6-1 商务衬衫的社交语境

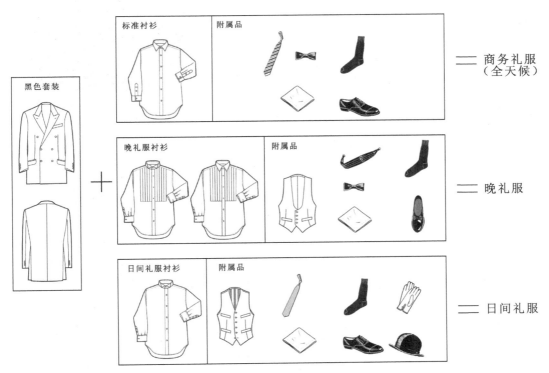

图 6-2 衬衫语言及附属品左右黑色套装的社交取向

　　不过作为全天候礼服的黑色套装虽然与普通衬衫组合为黄金搭配，但也会陷入缺乏个性的僵化，因此要把视线扩展到商务社交钦定的衬衫范围，重要的是要一一了解它们的个性才是明智的。浅色衬衫可以选择个人偏好的颜色，虽然有流行因素，但浅蓝色是经典。条纹衬衫被认为是"个性的秩序"，"个性"是因为可以选择各色条纹，"秩序"是因为它总是按一定规律排列着，因此它在商务衬衫中很得宠，因为商务衬衫活动最主要的就是"规则和团队"。格子衬衫英国血统很纯正但很休闲，因此商务活动对它敬而远之，但它是休闲星期五最好的搭档。最值得一提的是牧师衬衫，因为美国的强势文化，让这种"美国的优雅"浮出了水面，但被误读了。但牧师衬衫的领子是白色，大身以浅蓝色为主，卡夫可以是白色，也可以与衣身颜色相同，但领子必须是白色。牧师衬衫属于礼服衬衫，只是没有纯白衬衫庄重。

　　牧师衬衫起源于美国，是当时美国社会的蓝领阶层追逐白领绅士而采用的一种设计，当它上升为绅士服时，用"牧师"命名，但无论如何牧师衬衫所含有上层社会服装民主进程的痕迹和包容性，使绅士着装规则赋予了建设性与生命力。

图 6-3　查尔斯王子晨礼服配牧师衬衫暗示对美国文化的认同

　　另外有一种说法是这样的。由于条纹衬衫是 19 世纪末才流行起来的，在它被接受为当时城市商务套装的一部分之前经历了一些斗争。穿着花式衬衣总是让人产生怀疑这种衣服不干净，无论如何这是蓝领阶层的反映。因此，有色衬衫就配上了白衣领和白卡夫。当绅士文化接受它的时候便成了一种亲民的暗示，特别是被英国贵族收纳为礼服衬衫的时候，它卑微的出身就烟消云散了，在商务社交也就被无所顾忌的运用，这种背景决定了它不能作为休闲衬衫（图 6-3）。

（二）西服套装衬衫的优雅与休闲

　　西服套装（Suit）与黑色套装相比，前者是单排平驳领，后者是双排扣（或单排）戗驳领；前者标准色是鼠灰色，后者标准色是深蓝色。这说明在商务社交中，前者稍低于后者，也就决定了西服套装所搭配衬衫的层级稍低，但更适合常规的商务活动。在商务的日常工作、国际谈判、商务谈判、正式会议、商务会议等正式场合中，西服套装和黑色套装搭配白色标准衬衫都是最佳着装选择。商务衬衫所钦定的浅色衬衫、牧师衬衫、条纹衬衫在西服套装中也都适用，性格特点也不会改变。不同的是，西服套装的标准色为灰色系，无论选择怎样的商务衬衫，整体上都要明亮，衬衫的附属品也是如此。此外，以小格子为典型的商务休闲衬衫与西服套装搭配比在黑色套装环境中更恰当，不过它有休闲的暗示，可用在日常工作，但不适于正式商务活动如正式商务谈判等。外穿衬衣属于单独使用的户外休闲衬衫与西服套装搭配礼仪等级差距较大不建议采用但不属于禁忌，因为这种组合不系领带在休闲星期五是个不错的方案。

在西服套装环境，就商务社交而言衬衫所发挥的作用更大，范围更广，如果将西服套装升格为礼服，礼服衬衫一定要选择白色的标准样式，这样可以有效地利用领带、卡夫袖扣等附属品，与他人进行差别化的搭配，展现创造力的个性。在职场，西服套装并不是以礼服为主打而是黑色套装。因此把一件刚刚干洗过的白色衬衫包装好，上班的时候放在桌子的抽屉里是很值得的。这样就可以为晚上正式场合或正式商务活动之用，第二件衬衫应该是浅蓝色衬衫，它在商务社交中是尤其安全的，因为它能和所有的西装搭配，是仅次于白衬衫的商务衬衫。值得强调的是浅蓝色衬衫配上深蓝色系的领带，是极具说服力的商务形象，而且浅蓝色衬衫可以展示更高超的色彩搭配技巧。第三件就是条纹衬衫，它比起单色衬衫，细条纹衬更能给人精明干练而理智的印象，是商务场合不可或缺的，不过条纹越宽，越显离经叛道，相反，条纹越窄越

图 6-4 由衬衫打造的西服套装全天候商务社交语境

显庄重感觉。第四件是浅色小格纹衬衫它能使彼此双方建立良好氛围，增加古典的社交话题，即使不穿外衣也可以能塑造出完美形象，不过格纹越大越给人以运动的印象，当然适合商务休闲或户外活动。

以上四件衬衫是让西服套装呈现准商务社交的考虑，也可以说是主流商务社交在衬衫上的定格。强调西服套装个性的优雅也有最低风险的选择，这就是带纽扣领衬衫、固领衬衫和牧师衬衫。到此为止总共七件衬衫可以使西服套装打造成一个千锤百炼优雅商务形象，后三件可以说是这种形象的个性升华。这三种衬衫是地道的美国常青藤风格，它的优雅并不亚于主流的标准衬衫，但个性鲜明，因此有很强的商务社交性而被年轻的时尚贵族所推崇。但它的规则也很明显，如果做一个商务社交等级的排列则依次为固领衬衫、牧师衬衫、带领扣衬衫。显然前两者为正式商务，后者为休闲商务（图6-4）。

对于颜色绚烂的衬衫，并不适合商务场合应该不在西服套装衬衫之列。天气炎热的季节，在西服套装中搭配短袖衬衫，有这种现象但不能提倡，因为短袖衬衫是非正式服装，完全不能与西服套装进行搭配。

二、套装衬衫与领带的 V 区经营

悉数现当代美国总统社交及公众形象的基本准则，都逃不出两种搭配范畴。一是选择充满诚挚印象的深蓝色西服套装，白色企领衬衫，佩戴热情洋溢的酒红色系条纹领带；二是三件套鼠灰色西服套装搭配牧师衬衫，海军蓝条纹领带，以这样代表优雅的普世准则及构成 V 区演绎出诚恳印象，让人不由自主地想把重任托付给他。美国总统奥巴马深谙的西服套装配中庸开角的企领衬衫加上常青藤风格的领带，和那种一贯的温莎结，营造的"经典 V 区"是一百年也不会改变的永恒时尚（图6-5）。

以 V 区的经营打造社交的成功案例并不是个案，也不是权宜之计，它不在于穿着多么时髦，西装多么名贵，在于驾驭绅士文化的修养。成功地建构 V 区风格被认为是成功者品位修养的第二张脸。不仅只有美国总统，历任的联合国秘书长、成功的 CEO，可以说它是成功职场社交的标签，精妙之处是此处无声胜有声，远比滔滔不绝地推销自己更有说服力，更容易留下好印象。然而这是一件看似简单做起来却不容易的事情。衬衫和领带，不过两件单品就能打造 V 区风格。事实上，衬衫的尺寸、领型选择、花色图案、面料、领带的颜色图案、款式、宽度大小、风格素材以及当季流行趋势、搭配技巧等，打造 V 区必须考虑得问题也堪称包罗万象。

要想形成自己的 V 区风格，除了绅士修养之外必须不断地从职场实践中累积经验才能完全掌控 V 区技巧。V 区穿搭自如的男士通常都是经过了反复尝试各种西装的穿法与搭配，历经各种职场的社交考验才建立起自己的风格，成为优雅绅士。

如何构成优雅品位的 V 区？不管 V 区多么变化莫测，男士们的穿着打扮还是必须遵守基本规范。首先要保持领子的"和适度"。衬衫的领子必须符合自己的领围，

图 6-5 经典 V 区风格

适当的尺寸是指扣上扣子后，可以伸进去食指。其次，V 区色彩搭配方法要根据性格决定风格的搭配原则。如浅蓝色系衬衫搭配蓝色系领带；穿条纹衬衫，要针对条纹中的一种主颜色搭配领带，总之依据衬衫的主色调搭配同色系领带是万无一失的；撞色搭配是最能表达个性的了，但是必须有过渡元素以达到色彩感，这对偏爱深谙搭配技巧的人会有所改变。最后，强调休闲素雅的 V

区。这是一种小白领大智慧的 V 区风格。主体为普通的白衬衫，特点是桶形卡夫和中庸开角的企领，这不适合配华丽的军团领带但又要提升品位，有效的 V 区设计是搭配素地星点图案领带或素面针织领带。这可以说是职员以简约素雅应对正式商务的大智慧（图 6-6）。

V 区的技巧是可控的，其实最难把握的是通过 V 区个人特质所传递出来的品质信息，因为这需要有灵犀的知音，这就是所谓商务社交的"密码智力"。例如正式商务场合第一次见面，法式卡夫白衬衫搭配银灰色领带这样中规中矩的打扮会让人产生这样的判断（懂得其密码的才会），这人不错，先不予置评，听完他的发言再下定论。而见到 V 区搭配很个性化的时候，会有另外的判断，这人不容小觑，说话前先要提防着他。所以在商务场合，穿着面对着非常严苛的评价，对于男士 V 区是否得体通常为首要评价的标准，太花哨会认为你把心思放错地方；穿着不得体也会很容易被轻视或贬低身价，更糟糕的是怀疑是否在阁（圈里人的秘密决定）……这么一来，想挽回比登天还难，正如领导学形象专家乔·米查尔所说，形象如同天气一样，无论是好是坏，别人都能注意到，但却没人告诉你。可见商务社交的"密码智力"不是学出来的，是不断的修炼和提升。

合适度　蓝衬衫+蓝色系领带　根据条纹主色搭配领带　白衬衫配圆点领带

图 6-6 V 区设计的案例

三、休闲星期五套装衬衫的"特别约定"

"休闲星期五"是指那些平素对着装要求严格的公司，在星期五这一天允许员工穿着不同程度的休闲服装，使紧张的工作氛围有一个轻松出口。这一着装趋势的流行缘于人们厌倦了工业时代的统一、标准的工作方式和着装习惯，即只有商务衬衫、西装、领带和正装鞋才是工作着装的常态。数字化时代的商务，让这种规范的企业制度成了洪水猛兽。使这些整天面对他们的白领时刻想摆脱西装革履的束缚，而催生了一个服装旧制度的改变，一个服装新制度的诞生。这不仅仅是一个职场伦理的改变，更深层的意义是，公司一周一而贯之的西装领带给人们不能越雷池一步的强烈心理暗示，束缚了思想和创造的同时，更制造了冷漠疏离的人际关系。而且又受到每周五廉价成衣制造商大肆宣传的影响。这种内外环境的改变正是休闲星期五员工允许被穿便服的基础，但这种休闲装扮并不是自我意识的我行我素，而是基于绅士着装规则的商务休闲装，即 Smart Casual 和 Business Casual（商务便装）才是正解。

值得注意的是这两个英文词并不是并列语，而是有逻辑关系的，"商务便装"是结果，"经典便装"才是它的内容和实质。Smart Casual 这个古老的社交用语，有着绅士文化的历史渊源。Casual 虽然有非正式、便装之意，而 Smart 有"潇洒、整齐"的意思，把它们组合起来便可译为"经典便装"。那么，这个潇洒、整齐的内涵是什么？可以提到它另一种叫法的词汇 Casual wear，其中 wear 暗含"特别约定场合的着装"和"表示有身份"的意思。因此可译为"优雅休闲的密约"。由此可见，商务便装是脱胎于绅士文化的休闲伦理，它的核心内容就是 Blazer&Jacket（休闲西装系统）。休闲西装也是由此衍生出来的，代表性是英国风格的细格衬衫和常青藤风格的带领扣衬衫（图 6-7）。

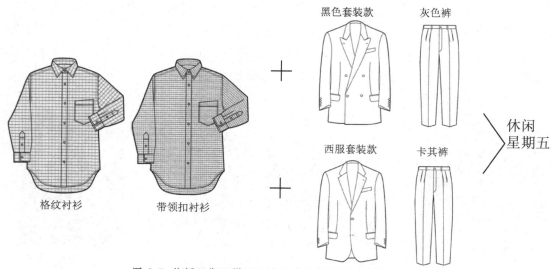

图 6-7 休闲星期五搭配两个经典休闲衬衫的套装组合

　　休闲星期五的兴起导致一股商务休闲的着装风潮迅速蔓延，甚至在一些个性定制网络公司中打破了传统正装一统天下的格局，商务休闲装成为一周服饰的主打。一线的国际品牌也热衷于推广具有这样风格的产品，在美国著名的绅士品牌布鲁克斯兄弟（Brooks Brother）的邮购目录里有一整页的"星期五衬衫"可以选择（图6-8）。

　　本来黑色套装和西服套装是正统的商务西装，但由于休闲衬衫的加入，它们的搭配方法从"成套"变成了"混搭"，不系领带在这样的环境中也成为可能（套装时必须扎领带）。可见衬衫在商务社交中具有风向标的作用。经典的休闲衬衫必须是棉质细格纹，也有条纹和印花风格的带纽扣领的单色衬衫是它的常青藤风格。这两种衬衫最优雅的搭配是棉质卡其色休闲裤。

　　亚麻或棉质的夏季休闲西装搭配不同色系的休闲裤，以POLO衫搭配只是穿衣感觉上的随便，作为商务休闲的职场精神是不会接受的，因为它缺少经典便装的"特别约定"。

四、休闲衬衫的社交

　　全球变暖催生了人类低碳意识的回归，导致着装向休闲化趋势发展，另一方面，作为主流社会的商务社交始终存在想摆脱刻板正装的愿望，穿休闲装不仅舒适，又能营造出轻松、愉快的氛围。商务着装规则的"休闲星期五"既是社会发展的趋势，又是上流社会的主观愿望。

　　休闲衬衫由于对舒适的追求，领型基本上为软领形式，使用软领衬或上薄浆而便于加装领扣。卡夫为桶形可调式卡夫，可调式是在卡夫上连续订两颗袖扣，通过备扣调整卡夫的尺寸。卡夫里衬使用单层衬，并和领子一样采用软化工艺。面料通常是亚麻、牛津纺，考究的条纹、格纹、佩兹利纹样等专用的衬衫面料。

　　特别一提的是，一件格子衬衫对于任何一个男人的衣柜来说都是必不可少的，因为谁也不会放弃在自己的衣橱中有一件充满纯正英国贵族血统的衬衫（图6-9）。

（一）休闲西装衬衫的社交取向

　　休闲星期五最优雅的着装是运动西装或夹克西装方案，与它们相配的黄金搭档就是带领扣衬衫和细格子衬衫，统称为（休闲西装的）休闲衬衫。

　　运动西装（Blazer）本身的职场级别，低于西服套装（Suit），但高于夹克西装（Jacket），总体上它和夹克西装同属于休闲西装类。因此衬衫的黄金搭配是带领扣浅蓝色衬衫，这种组合也是布鲁克斯兄弟打造常青藤黄金组合，它的魅力在于系上领带为正式商务，摘下领带为休闲商务（图6-10）。

　　运动西装不拒绝任何其他商务衬衫，只是由于它作为休闲西装的先入为主，休闲的品位会伴随始终。当然不同衬衫的社交取向会让这种味道有所改变，如配细格衬衫会有不列颠休闲的味道；配马球衫就使得运动西服成为地地道道的运动休闲风格。

Brooks Brothers

MEN   WOMEN   KIDS   HOME   BLACK FLEECE   SALE

Most Popular ⬍   ‹   *Page* 1 *of 7* ›   VIEW ALL

SPORT SHIRTS

Non-Iron Regular Fit Signature Tartan Sport Shirt

$ 105.00

Non-Iron Regular Fit Solid Sport Shirt

$ 92.00

NOW 3 For $229

Non-Iron Slim Fit Solid Sport Shirt

$ 92.00

NOW 3 For $229

Non-Iron Extra-Slim Fit Solid Sport Shirt

$ 92.00

NOW 3 For $229

Non-Iron Regular Fit Gingham Sport Shirt

$ 92.00

NOW 3 For $229

Regular Fit Corduroy Sport Shirt

$ 89.50

NOW 3 For $229

Non-Iron Slim Fit Grid Check Sport Shirt

$ 92.00

NOW 3 For $229

Non-Iron Slim Fit Multigingham Sport Shirt

$ 92.00

NOW 3 For $229

Non-Iron Slim Fit Double Windowpane Sport Shirt

$ 92.00

NOW 3 For $229

Non-Iron Regular Fit Dark Green Plaid Sport Shirt

$ 92.00

NOW 3 For $229

Non-Iron Regular Fit Check Short-Sleeve Sport Shirt

$ 82.00

NOW 3 For $229

Non-Iron Slim Fit Signature Tartan Sport Shirt

$ 105.00

图 6-8 布鲁克斯兄弟"星期五衬衫"的网络邮购

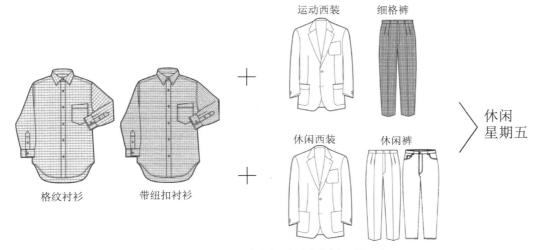

图 6-9　休闲星期五搭配两个经典休闲衬衫的休闲西装组合

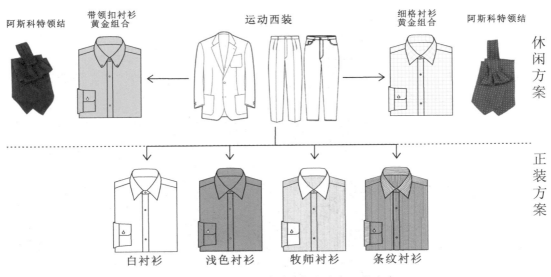

图 6-10　运动西装与衬衫组合的休闲方案与正装方案

由此可见，不同衬衫的性格就像调味剂，使休闲商务既有品位又多元而丰富。

与夹克西装（Jacket）搭配的衬衫最经典的就是格子衬衫，其次是带领扣衬衫。它与运动西装最大的不同是，它与所有的商务衬衫搭配都不适合，如礼服衬衫、浅色衬衫、牧师衬衫、条纹衬衫。与所有的休闲衬衫、运动衬衫都适合，如外穿衬衫、马球衫、T恤衫等。可见它是地道的休闲西装（图6-11）。

与夹克西装黄金搭配的是细格子衬衫，但塔特萨尔格子（Tattersall）不得不提。它是两种细条纹横竖交叉的图案，白底红、黑两色和白底黄、茶两色的格子最为常见。它是苏格兰乡村生活的象征，尤其是秋冬季，与羊毛或开司米套头衫、粗花呢休闲夹克西装搭配成为经典的英伦风格，在休闲星期五被商务精英们奉行。这一经典也被融入到了美国的常青藤文化，经常设计成带领扣衬衫搭配卡其裤或灯芯绒裤子。它们已

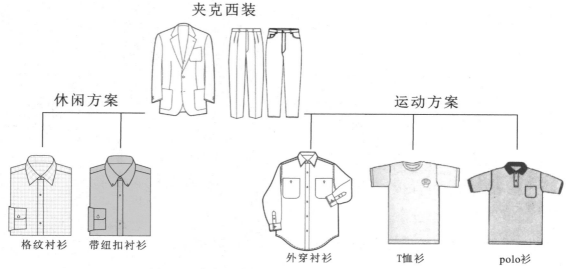

夹克西装

休闲方案　　　　运动方案

格纹衬衫　　带纽扣衬衫　　外穿衬衫　　T恤衫　　polo衫

图 6-11　夹克西装与衬衫组合的休闲方案

经成为牛津、剑桥和常青藤联盟的标志性元素被时尚界推崇。好莱坞的设计师们一定会意识到这一点，只要在电影中出现教授身份或者名绅，他们肯定穿粗花呢夹克西装搭配塔特萨尔格子衬衫。塔特萨尔格子也不停地出现在设计师应季的发布会当中，美国设计师拉尔夫劳伦的产品系列几乎每一年都有这种花格呢。因为

图 6-12　塔特萨尔格子衬衫的英伦风格（左）和常青藤风格（右）

他们深知没有哪一种元素比塔特萨尔格子更能够精准地表达经典与前卫、传统与时尚的高贵休闲品质（图 6-12）。

（二）休闲衬衫与领饰的搭配

　　正式商务社交中"规则"很明显，操作的套路也很清晰，比如白领正式衬衫一定用在黑色套装中，一定要系领带等。然而在休闲商务社交中，"一定"的行为没有了，但"规则"还在，不过是以个体之间的约定形式存在着。如阿斯科特领巾就是细格衬衫的英式经典搭配，逆向条纹领带就是带扣领衬衫的美式经典搭配，因为这是只有它们之间才懂得的规制（图 6-13）。

格纹衬衫配阿斯科特领巾　　　带领扣衬衫配逆向条纹领带

图 6-13 休闲衬衫与领饰的经典搭配

　　搭配一条阿斯科特领巾不仅是英伦风格的选择，这意味着要放弃黑色套装、西服套装这种正式商务套装的方案，而最佳的搭配是与细格衬衫的组合，当选择夹克西装时，这就是英国版的休闲风格；当选择纽扣领衬衫运动西装时，这就是常青藤版的休闲风格（图 6-14）。针织领带、俱乐部徽章图案领带、动物之类的具象领带不能与正式商务衬衫搭配。相反，包括正式白衬衫、浅色衬衫、牧师衬衫、条纹衬衫这些正式商务衬衫也不能与这些明显暗示休闲的领带搭配，只是这种休闲专有所持——针织领带用于单穿的休闲衬衫；俱乐部领带适合带领扣衬衫；具象图案领带适合细格领带。正是这种经典搭配才营造了一种神秘而有限的高贵绅士语汇（图 6-15）。

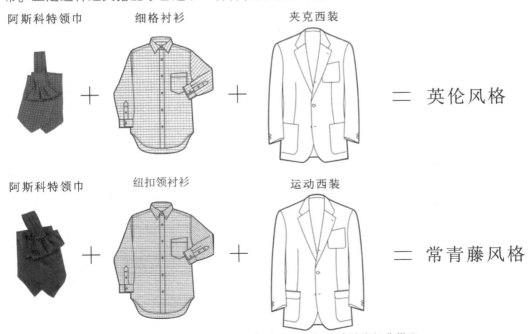

图 6-14 阿斯科特领巾与细格衬衫或纽扣领衬衫的经典搭配

针织领带+领襻衬衫　　　　徽章领带+细格衬衫　　　俱乐部领带+领扣衬衫

图 6-15 三种休闲衬衫与领带的经典搭配

（三）休闲星期五休闲衬衫的技巧

休闲星期五是便服盛装日，它从美国东海岸影响到华尔街，直到整个上流社会，然后以他们自然的方式传播到了西海岸。在那里穿着的规则是盼望星期五的到来，因为那天既便在白宫也变得很轻松了。短袖衬衫、脱掉外衣正式衬衫的穿法多了起来以表达工作的休闲时刻。然而这毕竟是替代品，于是布鲁克斯兄弟针对休闲商务设计了改良衬衫，那种带领扣的软领衬衫几乎成为休闲星期五的标志，可以不扎领带，也可以扎领带，当然是轻松活泼的领带；可以不穿西装，也可以穿西装，当然是休闲西装。如果选择衬衫的前胸有两个口袋，说明已经进入了户外休闲环境，即便在休闲星期五的办公室也是不合适的。

特别在金融、IT 业人士，如在风险投资、IT 管理等的随意穿着并不等于随便，随意的风格并不意味着可以穿得像是要去度假一样，休闲、优雅尽在衬衫与领饰的搭配中。由于身处尖端领域，商务休闲的着装修养不可或缺，核心的功课就是英国式的休闲绅士文化和常青藤式的布鲁克斯兄弟休闲风格。

由此可见，用于户外休闲的外穿衬衫被休闲星期五排除在外了，这就需要弄清楚什么是外穿衬衫、什么是内穿衬衫、什么是内穿衬衫的正式形式和内穿衬衫的休闲形式。

首先从形制上来说，外穿衬衫以宽松实用为目的，所以更追求功用性能。比如外穿衬衫整体廓型呈 H 型或 A 型，下摆通常不放到裤腰里有圆摆和直摆，胸前可以有双口袋，背后褶有吊襻等。内穿衬衫意味着更加修身以便和西装配合，因此成为礼服和西装的配服。内穿衬衫对外起到保护主服的作用，对内完成了对贴体内衣的掩盖和隔离外衣的作用，它作为外衣与内衣间的过度服饰一直伴随着主服发展到现在，因此它与外衣保持了相同的级别和相互照应的形制，也表达着主服相同的社交提示。但是作为正式礼服的衬衫是不能单独使用的。商务衬衫可以单独穿用以表达星期五的休闲气氛，值得注意的是，越正式的商务衬衫单独使用的风险越大。因此选择运动西装和夹克西装的内穿衬衫就成了休闲星期五的主流。而外穿衬衫无论单独还是组合都不适用。外穿衬衫是由内穿衬衣演变而来，并结合户外服设计风格，形成了独立的户外服款式类型。它与内穿衬衫相比两者的身份区别本来相差悬殊，外穿衬衫根本不是职场中的付账。尽管随着社会发展，商务中的休闲风尚愈发浓重，这使得内穿衬衣有了走出主服独立门户的可能性。当内穿衬衣脱离了主服后，独领风骚的风格使其休闲气息凸显出来，又有外穿衬衣所没有的优雅。更重要的是，因为出身的不同而产生造型上的差异，使得外穿衬衫不能与西装组合使用（外穿衬衫的松量与结构都比西装松散），这就使拥有者减少了很多应对职场社交的变数与乐趣，这就是内穿衬衣总是比外穿衬衣级别要高的原因（图 6-16）。

休闲星期五　　　　　　　　　　　户外度假

图 6-16 内穿休闲衬衫比外穿衬衫更适合休闲星期五

第七章

商务衬衫的
个性定制

　　商务衬衫包括商务正式衬衫和商务休闲衬衫两类，它们与礼服衬衫的区别主要表现在领型、卡夫和胸饰的细节上，其他元素可以共通。商务衬衫的领型以企领为主，依次为宽展领、标准温莎领、尖角领、圆角领、领针领（包括扣襻领、针饰领）、纽扣领等；卡夫以桶形为主，又有方角、圆角、切角卡夫的选择等，也可以选择搭配珠宝链扣的单层卡夫和双层卡夫（法式卡夫），但主要用于商务正式衬衫；门襟、背后褶、袖衩的设计是基于功能需要与礼服衬衫保持一致；相比礼服衬衫的个性定制，商务衬衫的自由度更高，如商务衬衫的左胸袋可有可无，但礼服衬衫是一定不要的，商务休闲衬衫则一定要做胸袋的，以备单穿之用（图 7-1）。

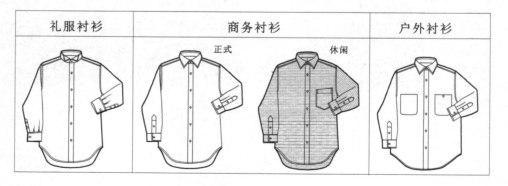

图 7-1　衬衫胸袋对商务衬衫的暗示

一、黑色套装衬衫和西服套装衬衫的定制

黑色套装和西服套装搭配的衬衫几乎是通用的，同时它们又构成商务正式衬衫的主体，按级别类型和风格分为标准白衬衫、浅色衬衫、牧师衬衫、条纹衬衫和细格衬衫。整体特点为企领、筒形卡夫、明门襟、剑形袖衩。

商务衬衫主要用于正式商务、公务场合，衬衫领型选择尤为重要，可以说它是提高或降低职场形象的砝码。英国文豪奥斯卡·怀尔德（Ostar Wilde）曾说，"高雅集中在衬衫领子上。"可见这是英国二三百年绅士文化打造的一种高雅符号。领子又是衬衫整体中最突出的部分，是脸部的延伸，更是整体时尚展示的焦点。因此，了解商务衬衫的几种经典领型是认识衬衫个性定制最关键的部分。

企领无论在礼服衬衫、商务衬衫还是休闲衬衫，其利用率最高，其变化受流行趋势的影响明显，一般与领带的打结宽窄相匹配，通常宽结配宽角领、窄结配窄角领。企领的开角在 70 度左右为标准企领，以此为基础可以变通，有尖角领、直角领、钝角领、圆角领，纽扣领和扣襻领是企领的特殊形式。

尖角领具有中等长度的领尖，领尖张开度中等偏紧。指领子的开口在 60 度以下的狭窄开口的领子，两个领角点之间的距离约为 7.5~9cm。

钝角领也称为英式斜领，又叫温莎领，故有很强的贵族气质。其特点是领角开度明显，两领尖有想要逃离的感觉，为的是让人们更为完整地看到领结，常常与宽大的蕴莎结配合使用。看上去比标准的企领更优雅，有贵族气，但也容易陷入循规蹈矩的泥潭。20 世纪 30 年代温莎公爵为了适应他宽大的领结（温莎结）而构思出这种领型。时尚界为了让这种充满贵族气的领型更时尚前卫而进行了极端处理，配上细长结领带，诞生了平角领（图 7-2）。有趣的是这种领型在意大利却以"法国领"的名字被熟知，而在法国又被称为"意大利领"。不过可以看出这种领型在时尚界受欢迎度非同一般。

圆角领是 20 世纪 20 年代产生于欧洲并流行的绅士企领衬衫，后来在英国名校和美国常青藤名校备受推崇而成为贵族衬衫的标志。因此今天选择圆领角衬衫是一种怀旧或复古的暗示，如果有针饰装置或牧师衬衫形成便成为地道的常青藤风格，当然也会有尖圆领、小圆领的选择（图 7-2）。

拉襻领也叫小舌领，是由温莎公爵引领的新时尚产品，流行于 19 世纪晚期。这种企领的翻领角被一个"小舌"一样的装置连接在一起，"小舌"扣上纽扣并且从领带结下面通过，固定住领带并使领带抬起。这种通过小舌装置使企领和领带结合的紧密严整却不漏声色，凸显出绅士的内敛和至诚精神，这就决定了它在商务衬衫中很有品质（图 7-2）。小舌领型的设计也可以为圆领、直角领和尖角领，不适合钝角领或平角领。

　　针饰领又分针孔式和领夹式，但它们的功能是一样的，是将扎好的领带托起，支撑和提高领结，侧面观察形成漂亮的弧线。因此这种衬衫一定要和领带一起搭配才可以。饰针领衬衫是地道的美国风格，这是美国人为追求英国绅士风格，在英国扣襻领衬衫的基础上将隐形装置变成了用贵金属制的显形装置，而成为美国化的新古典风格。尽管这种领型看上去具有美国式的优雅，但金属饰针的反光往往容易使对方的注意力从脸上移到饰针上，有显富之嫌。因此，在正统的商务衬衫中并不被推崇，它如果与扣襻领相比可谓华丽的绅士，后者为质朴的绅士。这种领型在 20 世纪晚期最为流行，它受到时尚绅士的青睐。它能够成为今天的经典是因为它比其他领型的衬衫需要更多的时间来调整和固定打理领带，暗示"我拥有精致和传统品位"。正是这一点继承了英国绅士"矜持生活"的衣钵（图 7-2）。

　　纽扣领和饰针领是完全不能同日而语的两种企领。理论上饰针领是因为让领带更优雅而存在；纽扣领不需要系领带（马球运动衬衫）但需要不能使领角让风掀起。它的这种出身也就决定了纽扣领衬衫不能作为商务正式衬衫的元素，但也不是禁忌，这要看智慧了（图 7-2）。

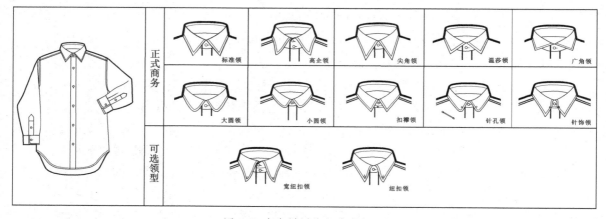

图 7-2　商务衬衫的经典企领

　　如果说领型是商务衬衫的一号元素，卡夫就是它的二号元素。虽然说筒形卡夫是商务衬衫的标准。但也要关注配有链扣的单层卡夫和双层卡夫，因为在常规商务中会有很重要的商务社交，如商务谈判、仪式等。桶形卡夫是指用袖扣呈桶形的单层袖头。卡夫的变化有直角、圆角和切角三种。卡夫宽度也有宽窄的选择，宽卡夫主要用在欧款的设计是因为欧洲男人臂长。双层卡夫和单层卡夫及其变化在这里可以作为升级版，即商务正式衬衫，这和礼服衬衫卡夫设计相同（图 7-3）。

　　门襟设计分为明扣明襟、暗襟明扣和明襟暗扣三种。背后褶的设计与礼服衬衫相同，过肩有断缝育克和无断缝育克两种，通常定制采用前者。有口袋设计的衬衫主要用于西服套装，如果用于黑色套装的衬衫设计的，不要口袋的设计更为正式。口袋上口线外侧抬高 1.5cm，也可以水平设计，口袋外形设计为尖角、切角和圆角三种（图7-4）。

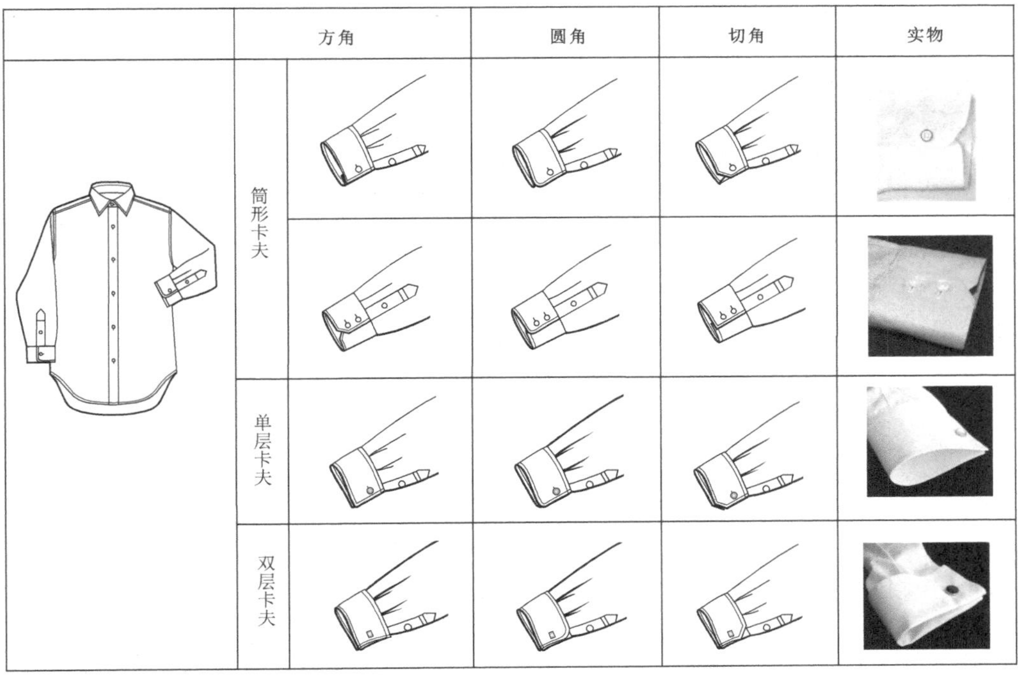

	方角	圆角	切角	实物
筒形卡夫				
单层卡夫				
双层卡夫				

图 7-3　商务衬衫的可选卡夫

　　有袋盖的口袋和双口袋设计都不能用在商务衬衫中，因为它们是外穿衬衫的设计元素属于户外休闲语言。

　　综合设计虽然是把上述元素打散重新组合，但是在元素规划上是有"预谋"的。如 A 方案如果是标准的话，方案 B 的针饰领、明襟暗扣和双层卡夫意味着它是商务礼服衬衫。方案 C 是标准型高领衬衫，方案 D 是礼服型高领衬衫（图 7–5）。

　　在对牧师衬衫个性化定制的情况下，有两种形式可以选择。第一，领子和卡夫同为白色面料，衣身和袖身为浅色面料或条纹面料；第二，领子为白色，衣身、袖身和卡夫均为浅色或条纹面料。值得注意的是，格纹面料不能用于定制牧师衬衫，因为格纹面料具有乡村和运动俱乐部的暗示，属于休闲语言。而牧师衬衫的礼仪级别为正式衬衫，它们的组合会影响品位。

　　牧师衬衫领型的个性定制几乎所有的企领款式都可以选择，只有纽扣领要慎用，因为纽扣领的出身源于马球运动，属于休闲元素。卡夫变化桶形袖口、单层和双层卡夫都可使用（图 7–6）。

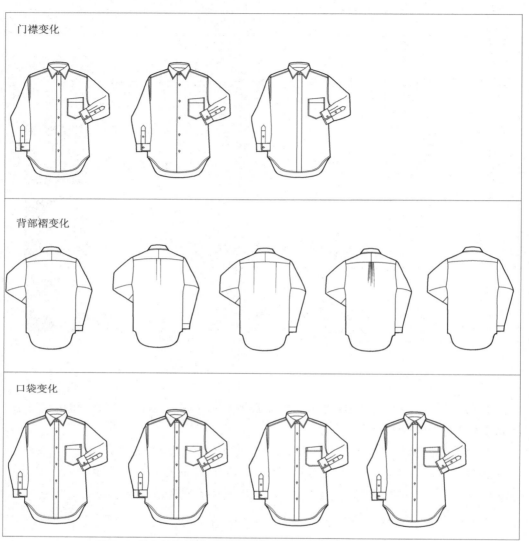

图 7-4 商务衬衫门襟、后背褶育克、胸袋变化

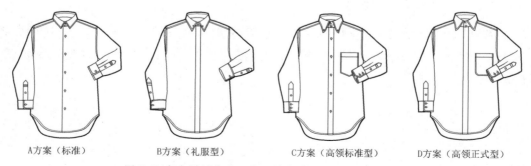

A方案（标准）　　B方案（礼服型）　　C方案（高领标准型）　　D方案（高领正式型）

图 7-5 商务衬衫综合元素设计的社交取向

图 7-6　牧师衬衫综合元素设计

二、衬衫面料花色与含棉纯度的商务社交暗示

衬衫面料质地与花样对于整个服装的礼仪级别与个人社交品味有着至关重要的影响，可以说具有风向标的意义。比如，在深蓝色西服套装不变的情况下，搭配正式白衬衫就很权威；选择浅蓝色衬衫这是希望融合的暗示；配上条纹衬衫这很英伦范；配上针饰领衬衫这在诠释美国人的华贵；选择牧师衬衫这是在表达"我有个性但很优雅"；选择纽扣衬衫说明他是一个常青藤主义者。这其中面料的花样在发挥着作用（图7-7）。根据商务社交惯例，对衬衫面料花色可以做从高到低的判断，第一为白色；第二为浅色系，蓝色首选；第三为浅色细条纹；第四为浅色粗条纹；第五为浅色细格纹；第六为浅色大格纹；浓重色为禁忌。总之商务社交越正式，面料花色越单纯，这是200多年来形成的绅士文化传统，敬畏它比挑战更明智，因为它已成为成功人士的标志（图7-8）。衬衫面料质地是决定定制的重要因素。核心面料是棉，产地以埃及棉为最上等，主要以纱支和克重指标为主。商务正式面料纱支在200英支以上。商务休闲面料的纱支120英支以上。除此之外由于商务衬衫风格的多元化，也出现了亚麻、羊毛、真丝和混纺衬衫面料。

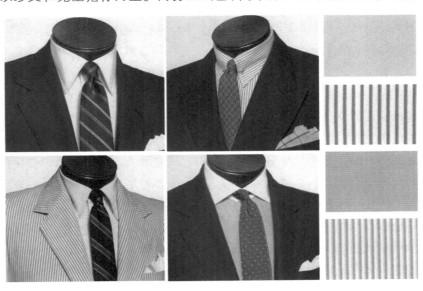

图 7-7　衬衫面料对整体风格的影响

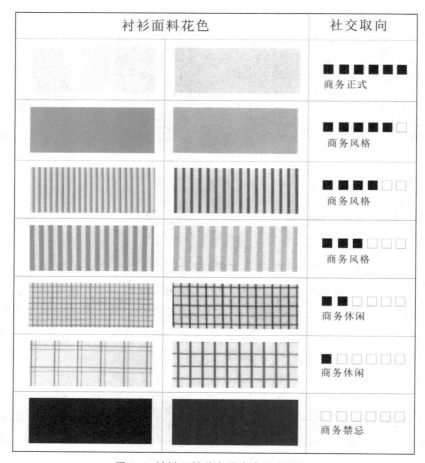

图 7-8 衬衫面料花色的商务社交取向

同样是纯棉，除了纱支和克重刚性指标外还有很多特性影响它的品质。比如穿着寿命、洗涤效果、目测观感、触感等。因此纯棉面料纱线越细越贵，但不一定适合。例如牛津纺面料纱支、克重指标都很低，制造成本不高，而这种观感更接近细牛仔布的牛津纺，非常适合纽扣领这种商务休闲衬衫，几乎成了它的标志性面料，"牛津衬衫"的说法就是由此而来的。同时它的英国贵族血统在商务社交中增色不少。可见纯棉的品质不在于它的物理指标，而在于它的匹配度和文化内涵。还有一些标榜特殊功能的面料，在定制中要谨慎选择。例如免烫高级纯棉面料。免熨整理是一种化学处理，会改变一些纯棉面料的亲肤感，同时留下有害化学物质，也会丧失纯棉的弹性，手感也会接近化纤面料。就定制衬衫而言，一件优质纯棉衬衫保持必要的传统是明智的。

定制衬衫除了选择纯棉面料，根据不同主服的社交需求和个性风格的表达，还有亚麻、细羊毛、真丝、混纺等衬衫面料。亚麻面料在衬衫定制传统中被视为面料中的贵族。亚麻天然的透气性、吸湿性和清爽性，使其成为自由呼吸的纺织品，常温下能使人体室感温度下降 4~8℃，被称为"天然空调"，它的易染色且色调古朴的风格而成为夏季休闲奢侈品。当然，亚麻也有着易变形、易皱的缺陷，穿上几个小时之后就会有褶皱。正因如此，历史上那些显贵名流才对它情有独钟。19世纪著名的绅士宝隆·布兰麦（Beau Brummel）说：你需要拥有许多高级的亚麻衬衫，一定要用乡村式的洗涤法打理它们。当时以英国最佳时尚绅士著称的朱利安·皮尔帕门骄傲地说，"我每星期都要把亚麻衬衫运到巴黎去烫洗"，英国作家R•T•沙迪亚认为"身为绅士，一天必须准备两件亚麻衬衫"。可见，亚麻衬衫是古老而讲究的衬衫。

细羊毛精纺虽不是衬衫面料的主流，但它具有保暖，厚实，视觉效果好的特点，而成为冬季商务衬衫的奢侈品。但是它易皱、易变形、易虫蛀，易缩水所带来的护理问题比亚麻和纯棉更加麻烦，因此，现代羊毛衬衫定制，通常利用高支纱、高克重的棉毛混纺织物。

如果说亚麻和羊毛是最能表达朴素内敛的衬衫风格，棉可谓中规中矩的衬衫品质。那么真丝就是公认最能诠释华贵衬衫风尚的面料。浑然天成散发着美丽光泽，高克重的真丝面料一直都是定制顶级奢华衬衫的面料。它的传统而充满贵气所演绎优雅高贵的绅士气质，加上真丝面料打理保养的繁琐，而更加体现出"贵族"的特性而成为晚礼服衬衫不可或缺的。值得注意的是真丝面料不可以定制正式或休闲的所有商务衬衫。为了改性能可以采用多棉少丝的纯纺。通过一种叫"色丁"的加工工艺，可以使棉质的面料通过改进编织的方法呈现出自然的暗光，以丰富商务衬衫的表现力。由此可见混纺技术越来越成为定制衬衫面料的趋势。

衬衫的混纺面料总是以棉为主和麻、毛、丝或化纤按照一定比例混合纺织而成的。就商务衬衫而言，棉的成分越高越符合要求。这种面料最大的特点就是，它既吸收了棉和其他纤维的优点，又避免了它们各自的缺点。特别是加入化纤织物，会改善包括棉、麻、毛、丝这些天然织物易变形，易皱，易污等问题，但也降低它的品质，其中棉的含量是具有指标性的，由此印证了"棉的纯度决定了绅士的纯度"这个由衬衫品格标志的商务规则。

三、休闲西装衬衫的定制

休闲西装衬衫不要简单地理解成休闲衬衫，它的可搭配性表明它有商务的成分，休闲星期五的盛行，也就名正言顺地成为商务休闲衬衫而成为彰显男士职场活力的象征，又可以将其推广到大众时尚，让它拥有更多颜色和花纹的选择。休闲西装衬衫更为的舒适和前卫也是一种态度，长期被清规戒律所困的社会精英们多么希望外界投进一颗时尚的石子，享受那种一波波荡漾的涟漪。于是好莱坞巨星克拉克·盖博在电影《一夜风流》中敞胸穿衬衫的形象让内衣市场顿时大跌。因为就这种让克拉克·盖博暴露更多身材的穿法，相对于传统的正装衬衫充满了魅力和想象，这也无形中为休闲西装衬衫的兴起起到推波助澜的作用。

（一）商务休闲衬衫的款式要素

回归理性商务休闲衬衫是因为运动西装（Blazer）衬衫和夹克西装（Jacket）而存在，它们经典的元素是细格面料和带纽扣的领子。标准元素为纽扣领和企领、桶形卡夫、明门明扣门襟、背部育克与褶裥、左胸剑形口袋。

领型仍然是商务休闲的衬衫是通用的，但纽扣领更强调了它的休闲性，因为它来源于一种优雅的绅士运动。纽扣领的出现也正好印证了男装发展的一个普遍法则，即服装的经典通常是慢慢脱离自身的应用环境，进而发展成一种约定的文化符号。纽扣领衬衫来源于英格兰的马球衫，领角的纽扣是用来把领子固定到衣身上，目的是防止马球运动的时候领角被风吹到运动员的脸上影响比赛。这一种普遍的功能样式，布鲁克斯兄弟从中发现了商机，最初用在白色的牛津纺面料上，之后又用到粉色面料上，后来由于休闲商务的需要启用了浅蓝色牛津纺而成为经典，为了丰富它又设计出更多的颜色和图案的纽扣衬衫而在常青藤名校中大书特书。这不仅丰富了男装的时尚元素，更改变了衬衫在美国上流社会的定义。这种衬衫因为有领扣变得很容易清洗，因此，与休闲西装（Jacket、Blazer）搭配成为黄金组合，由于各种花式面料的使用形成更多元的个性风格而成为商务衬衫的大家族。最初设计者是布鲁克斯兄弟公司的总设计师（John·N·Brooks）。在布鲁克斯兄弟公司这种衬衫至今仍叫马球领衬衫（Polo collar shirt）。这种称谓在 1901 年左右出现，开始流行是在 1912 年，从 1926 年秋天以来成为常青藤联盟的必需品，直到今天它也是布鲁克斯兄弟公司的标志性产品目的之一。领型也被锁定为三种经典（图 7-9），即平缓曲线性（Rolled Button-down）、平板型（Flat Button-down）和尖角高腰型（High Rolled Button-down）。

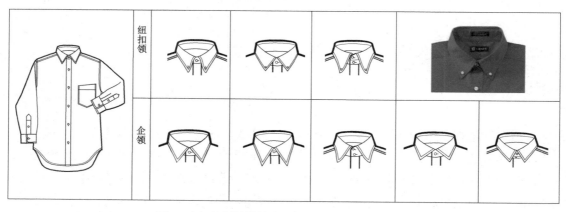

图 7-9　商务休闲衬衫的纽扣领和企领

卡夫以桶形的变化，有直角、圆角和切角的变化。可以设计成可调节式卡夫和双纽扣宽袖口卡夫。

可调节卡夫是在桶形卡夫上多设一个调解以控制袖口的松量。双扣卡夫，是因为卡夫较宽，一个纽扣不够严整而增加一个。因此，这种双扣宽卡夫更适合手臂较长的顾客。有链扣的单层卡夫和双层卡夫属于正式版，故在纽扣衬衫中也会提升它的职场等级（图7-10）。

　　纽扣领衬衫的门襟、背部育克与褶、口袋等其他部件的变化规律与商务基本相同，只是它比较多的考虑单独穿时的功能，但也要有所节制。因为，它毕竟是商务衬衫，如门襟用明襟明扣或暗襟明扣，但不用正式的暗襟暗扣；采用单胸口袋而不用无袋设计和双袋设计；背部育克必设褶甚至追加吊襻但不做无褶设计。总之功能元素的增加必须有所依据不可以无病呻吟，这就是休闲也优雅的魅力。

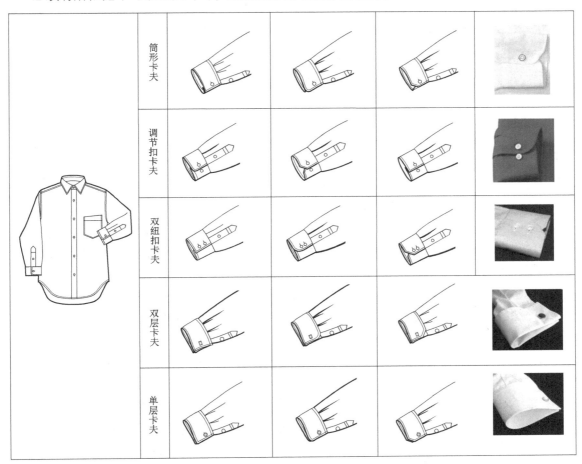

图7-10　商务休闲衬衫的可选卡夫

（二）休闲衬衫的面料选择

　　商务休闲衬衫的面料相对来说强调触觉效果比重更多，这是因为匹配它们的主服运动西装的法兰绒和夹克西装的粗纺呢也都有良好的触觉感。另一方面在商务衬衫中，这种休闲衬衫比其他偏正式的衬衫更适合单独使用。当它们与运动西装和夹克西装组合时可用于春秋冬季的休闲星期五，当脱掉外衣时便可营造夏季休闲星期五的优雅品格。其中最值得玩味的就是牛津纺和格子面料。

商务衬衫的定制可以通过款式设计和面料风格的选择改变它的职场取向，如牧师衬衫、条纹衬衫、纽扣领衬衫等。但是牛津纺面料却是唯一指定制作商务休闲衬衫的面料，这和它诞生的文化背景有关，同时它类似精细牛仔布的风格也最适合用在商务休闲衬衫上。牛津纺出现在 19 世纪末 20 世纪初的英国，是唯一以大学名校命名的织物，冠以"牛津"二字，牛津纺衬衫也被赋予了学院气质与皇家血统身份。20世纪 30 年代，美国经济大萧条导致物资的极度匮乏，西部乡村服装开始影响大都市，同时以猫王（Elvis Presley）为首的美国娱乐界明星为追求个性，着装已逐渐显露丰富表现题材的前卫、休闲风格。然而，生根于本土的牧场牛仔衬衫又缺少贵族气，牛津纺衬衫的休闲特征便成为美式衬衫的代名词，它背后的推手是布鲁克斯兄弟，活跃的舞台是常青藤联盟。20 世纪中期，风靡欧美的牛津纺之风吹入东南亚，率先在日韩掀起一股牛津纺时尚热潮。事实上牛津衬衫成为今天商务休闲衬衫的经典，历史上却是地道的休闲衬衫，相同的事情发生在格子衬上。

格子衬衫如此渲染独立的修养和品位气质，是因为它有纯正的苏格兰贵族血统。它发端于苏格兰高地的氏族社会，颜色数量有严格的身份表达，颜色越少社会地位越低，相反就越高。今天的主流社交完全颠覆了这个传统，而形成现代格子的社交规制。因此浅底深色（两种深颜色）的细格衬衫便成为职场商务休闲场合的必备。塔特萨尔花格对于职场休闲就好像身心内外的和谐。浅底红黑或蓝黑两色的棉细平布塔特萨尔花格、红黑或黑蓝两色的牛津纺塔特萨尔花格、绿棕或红黑两色的棉和或法兰绒塔特萨尔花格，这些两种颜色在同一面料上产生浑然天成的和谐，是商务休闲衬衫如磁石一样的去选择它。据说最初 tartan 特有的丰富色彩来源于当地男性们的生活经历。这些色彩更是上战场时不可缺少的。换言之，他们用这些与灌木丛中植物相近的色彩来掩护自己避免敌人的攻击，甚至有效地反击。然而这种颜色和花纹在氏族当中，依身份的不同而有着严格的既定。据《民族衣装》的作者奥古斯特·拉西耐所述，农民和士兵用 1 色，将校用 2 色、氏族的统领用 3 色、贵族依身份不同可用 4 到 5 色、优秀的哲人用 6 色、皇族用 7 色，如此区分。与塔特萨尔花格相比窗格纹更大但格纹越小正式程度越高，同时底色要用白色的，那么选择单色的细密格纹作为常备之选很有必要。相反，多色（两色以上）和大格子的如彭德尔顿衬衫、三色的迷你格纹衬衫都不适合作为商务休闲衬衫，不过是外穿衬衫的不错的选择。由此可见，虽然是商务休闲衬衫，格子颜色也不宜多，一种或两种颜色的格纹最适当（图 7-11）。

四、商务衬衫的板型

从衬衫类型上看，无论是正式的、休闲的商务衬衫，还是晚上或日间的礼服衬衫，它们的主体板型是一样的，这是因为都属于内穿衬衫类，都需要配合外衣使用，这就决定了它们的"合适度"要受制于外衣的结构，外衣的结构相对稳定，作为内穿衬衫

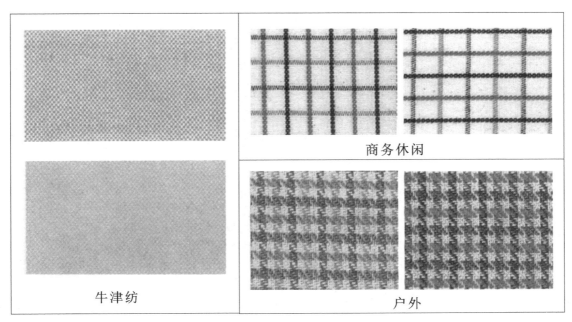

图 7-11 牛津纺和格子面料在商务休闲衬衫中为主打面料

的板型也就相对稳定。因此,商务衬衫系统和礼服衬衫系统都属于结构相同,松量控制保守的内穿衬衫板型体系,这是和外穿衬衫最本质不同的地方。商务衬衫系统中的某个个体和礼服衬衫系统中的某个个体都是从它们所适应配饰的元件结构制成板型加以区别的。例如商务正式衬衫要采用配合链扣的卡夫板型,普通商务衬衫选择筒形卡夫板型,礼服衬衫必须使用有配合链扣的单层卡夫或法式卡夫。商务休闲衬衫选择法式卡夫有矫枉过正的感觉,使用桶形卡夫板型正当防卫。同样在领子板型特征上,同样是企领,礼服衬衫比商务衬衫领宽要高,商务正式衬衫比商务休闲衬衫领宽要高。

　　值得注意的是,商务衬衫虽然有正式和非正式场合的区别,但都不能使用翼领板型。礼服衬衫既可以使用企领板型又可以使用翼领板型。上述所发生的改变都是局部性的,而它们的衣身裁剪设计仍都保持不变(图 7-12)。值得注意的是定制衬衫为了强调细节的功能设计主板往往采用更讲究的处理。如设衣片腰省使下摆收入裤腰内不淤褶;采用过肩在后中分开的板型,这样可以调节衬衫适应穿着者的肩斜,同时还可以实现从正面看育克的纱平直规整,也意味着它的品质很高;商务正式衬衫的袖形与商务休闲衬衫的袖形也不大相同,卡夫上面打双褶单褶,甚至不打褶是根据正式到非正式有多种选择(单褶无褶)为正式;门襟与衣身前片分开单独成片比门襟与衣身连裁,这说明在工艺上它们有着难与易的区别。这些主板的细节处理正是区别衬衫个性定制与批量成衣的重要标志(图 7-13)。

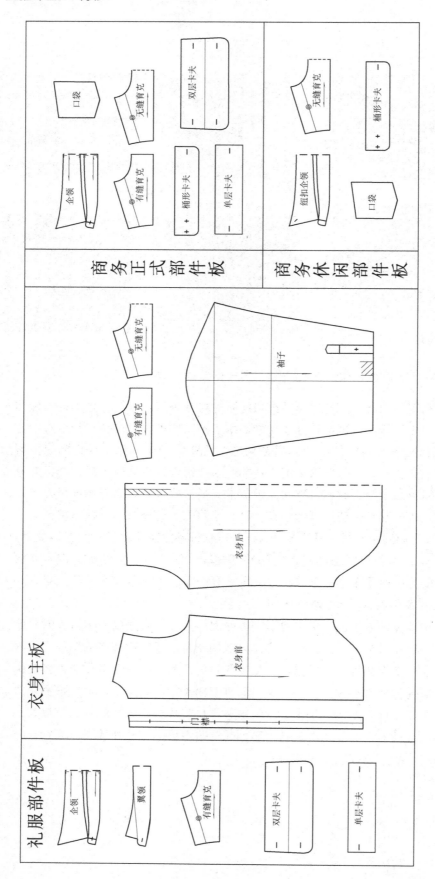

图 7-12 定制衬衫板型系统

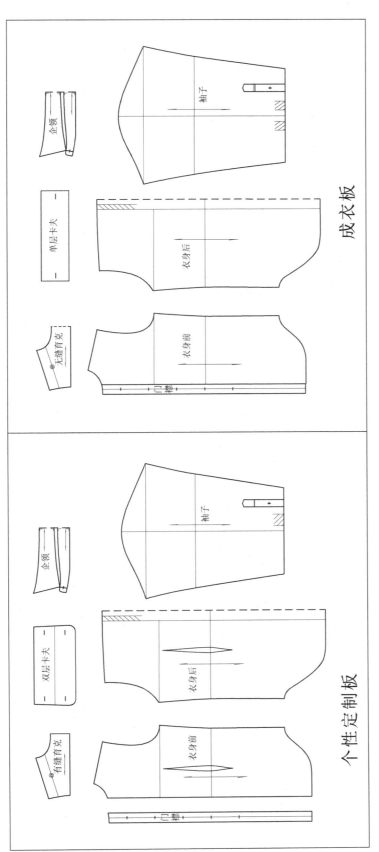

图 7-13　商务衬衫个性定制与成衣板型板型的区别

五、外穿衬衫的定制

在定制衬衫领域最没有个性的是礼服衬衫和商务衬衫，但最需要用定制的方式去体验；最有个性的是休闲衬衫，但它们不需要用定制的方式去践行。原因是前者属于内穿衬衫，它总是依据讲究的外衣而存在，而成为讲究的内衣；后者属于外穿衬衫，虽然它是从内穿衬衫演变而来，但它已经脱离了讲究的外衣而成为独立的，真正意义上（相对商务休闲衬衫而言）的休闲服，而且周末、度假的户外运动、休闲是它的住要目标。因此，内穿衬衫大致的社交取向是礼服衬衫和商务衬衫，外穿衬衫就变成了"体制外"充满私人空间的户外休闲服了。值得注意的是，现代社交追求休闲亦优雅的理念，外穿衬衫也成为定制新宠（图7–14）。

外穿衬衫无疑属于户外服类，强化功能性，是以户外休闲、运动为目的的非礼仪性服装。它不具备或不完全具备礼服衬衫所固定下来的形式，它的造型特点是以实用、方便、安全和流行因素为依据来设计的。发散的个性设计空间很大。领型的变化除了角度的设计，所有企领款式都可使用，必要时在后领位置加装领扣，与前领扣相匹配。筒形卡夫除圆角、切角、方角外，夹克外衣类袖头的变化规律均可使用。门襟除了明门和暗门之分，外衣类门襟也不放弃。口袋是外穿衬衫款式变化的重点，多变而功能性强。由于外穿衬衫仍然保留内衣的形态，因此只有胸部口袋的设计，不设下口袋，但口袋的变化服从于户外活动的功能要求。育克主要与各种"线形"结合设计。下摆款式，方摆和圆摆都可以使用（图7–15）。

（一）外穿衬衫物语

外穿衬衫虽然是由内穿衬衫演变而来，由于它要脱离西装的休闲要求必须结合户外服的风格，形成独立的户外服样式。内穿衬衫面料一直保持精纺，而外穿衬衫面料则趋向粗纺。这种粗犷的向劳动布一样的衬衫也有它独特的魅力，虽然看起来不是足够的精致，但是穿起来很舒服。外穿衬衫形成了图案以宽条纹和大格子为主的工装衬衫，以水洗布为特色的牛仔衬衫和以夏威夷岛自然风情印花细棉布突显表现艺术的夏威夷衬衫。可以说这三种衬衫是周末度假户外休闲衬衫的经典。

1. 工装衬衫

工装衬衫在历史上也称为伐木工衬衫，显然这是一个从平民到贵族的演变过程。色彩浓烈的格纹图案，胸前左右各有一个大号的贴袋是其标志性特征。工装衬衫是从彭德尔顿羊毛格子衫发展而来，超轻、保暖、色彩多样的视觉冲击力一经问世便成为一种时尚潮流。1925年的《时尚男士》（Men's Fashion）杂志上写到，工装衬衫以燎原之势迅速引领了春秋冬季的男人时尚。而短短的5年时间，工装衬衫就在男士休闲领域占据了主导地位，并生产很快刮起了夏季工装衬衫的旋风。

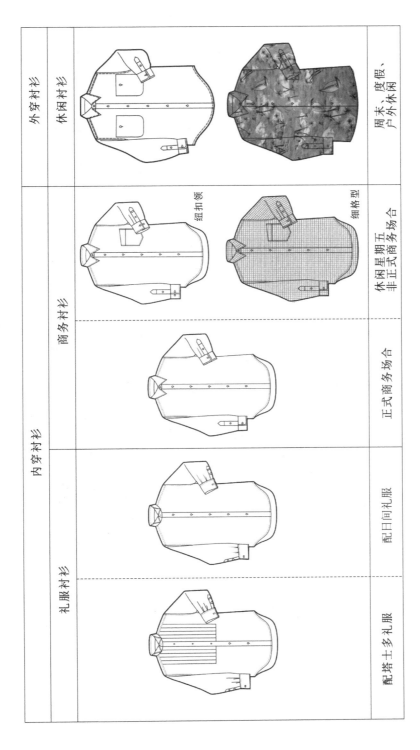

图 7-14 外穿衬衫成为追求 "休闲亦优雅" 的定制新宠

外穿衬衫

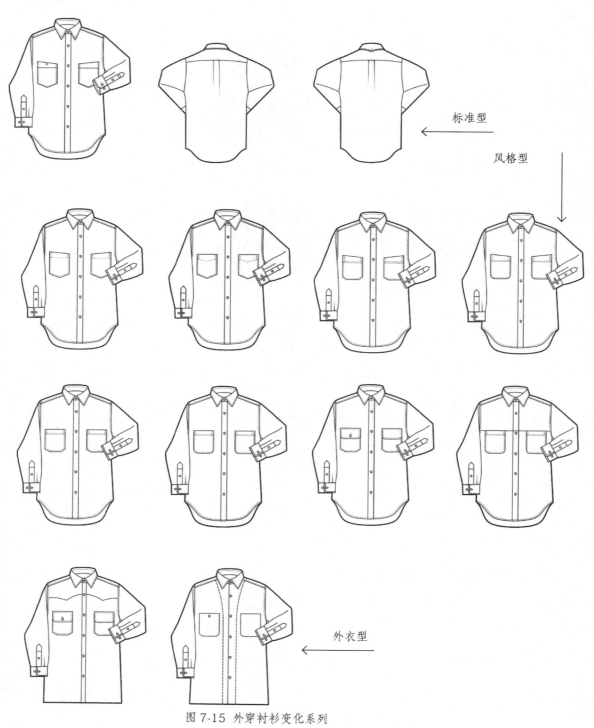

标准型

风格型

外衣型

图 7-15 外穿衬衫变化系列

工装衬衫成为时尚的早期广告也总会将惬意的户外生活作为主题，虽然与之相关的户外活动也只有修剪草坪。这正恰当地诠释了"周末户外休闲"的现代概念。它之所以成为户外衬衫的经典正是这种家庭式的温馨精神所赋予的亲和力。从 1963 年的电影《乐队女指挥》（The

图 7-16 工装衬衫的经典

Majorettes）中，工装衬衫为人们提供了很好的着装范例，也从侧面反映出工装衬衫植根于美国文化的心路历程。对于大多数人而言，工装衬衫代表着一种英国古老家族式的格子族徽，由于它成为一种大众时尚，穿着它更多的是谋求一种优雅休闲精神上的力量。比如对于某些人来说，工装衬衫代表一种父爱情结，因为这是唯一他们能在周末看到父亲穿的衣服。当那些小女孩们穿着妈妈漂亮的衣服打扮自己时，那些小男孩们就会穿着爸爸宽大的工装衬衫在沙发上舒服慵懒地睡觉，因为爸爸的衬衫最舒服。这就是现代绅士对工装衬衫永不言弃的物语钩沉（图 7-16）。

2. 牛仔衬衫

牛仔衬衫和工装衬衫只是面料的区别，它以单色棉水洗布为主。如果说工装衬衫是追求英国贵族式休闲的话，牛仔衬衫则是崇尚地道美国文化的冒险精神。随着流行对主流文化的演绎和变化早已弱化了其早期牧场牛仔的粗放，而更加贴近修身的简约风尚，也使得牛仔衬衫的野性转向了都市风格化休闲的品质上来。然而牛仔衬衫粗犷的特点和其符号化的美国精神成为时尚绅士户外服的首选。

从符号学的角度看，日本学者池上嘉彦的观点给了牛仔衬衫符号化现象以恰当的理论注脚，他认为当一个事物成为另一事物的表征时，它的功能被称为"符号功能"，承担这种功能的"表征"被称为"符号"。按照这样的逻辑牛仔衬衫就是美国文化的表征，事实上它已经成为冒险精神的文化符号。牛仔衬衫的面料早已经实现了精纺和多元化，但牛仔衬衫的粗犷却留在了人们的精神世界。随着美国好莱坞西部影片的蓬勃发展，穿着牛仔衬衫也成为一种公认的时尚。"西部牛仔精神"成为美国文化的一种象征。更是承载了拥有远大理想、坚持自己信念、崇尚永远自由、永不言弃的人类普世价值与理想。可贵的是这种符号不是抽象的，虽然牛仔面料进入了精纺时代，通过做旧、石磨、砂洗、水洗等工艺，造成陈旧感、沧桑感，并充满坚硬的气质，以此诠释着这种精神。因此，牛仔衬衫又让休闲生活平添了一种探索智慧，体验"定制休闲文化"最值得的选择（图 7-17）。

图 7-17 牛仔衬衫的经典

图 7-18 夏威夷衬衫的经典

3.夏威夷衬衫

夏威夷衬衫完全没有了牛仔衬衫那种探险的影子，而是追求原始自在的生态哲学和天人合一的境界。人们总是希望舒适自然的生活和社交，即使是绅士也不例外。当飞镖运动明星韦恩·麻豆（Wayne Mardle）在场上时，总是穿特别定制带有赞助商标识的运动版夏威夷衬衫。而他的支持者们也都穿着花花绿绿的夏威夷衬衫为他加油，这时赛场像是变成了一个自然生态的原始部落。事实上在 20 世纪 30 年代夏威夷衬衫几乎是就成为休闲度假的代名词，不过对于一些精英人士来说更像是一件可以穿着的明信片，代表着一种积极的表达方式和一种卓越的文化。因为历史上有很多显赫人士让它变得多元、激进和充满活力。例如斯特森式和尼赫鲁式衣领被运用到夏威夷衬衫中，于是夏威夷衬衫也有了"阿罗哈衫"（Aloha Shirt）的叫法；美国总统艾森·豪威尔和杜鲁门在周末时也会穿上夏威夷衬衫，这让"权威"变得有亲和力，这也是社会精英为什么从不拒绝看似浮华的夏威夷衬衫了（图 7-18）。

尽管夏威夷衬衫的起源还是个谜，但早期的经典细节所传递的信息，始终以坚守原始自然生态的理念秉承着，而成为最能够用艺术表达的夏季休闲衬衫，历史上有将近 20 多种的手绘图案，还搭配有特别的口袋和夏威夷领，纽扣通常由当地的椰子壳雕刻而成。20 世纪 30 年代被大规模生产，不过夏威夷衬衫红遍全球还得归功于艾尔弗雷德沙欣（Alfred Shaheen）， 他用艺术化的印花、高级面料和优良裁剪把这种花衬衫从旅游纪念品变成经典休闲衬衫。

（二）外穿衬衫板型与工艺

如果说内穿衬衫以收身板型的结构为特色，外穿衬衫在板型构成上则以宽松和运动为主要功能的结构基础，廓型以 H 形为主。衣身和袖窿板型结构强调运动和松量充裕的设定以满足休闲衬衫休闲和运动的穿着习惯。由于外穿衬衫是从内衣演变而来，其局部的款式和结构仍保留了原有的某些设计，如领口、袖口尺寸要相对稳定，但板型相对收身的内穿衬衫更加宽松（图 7-19）。

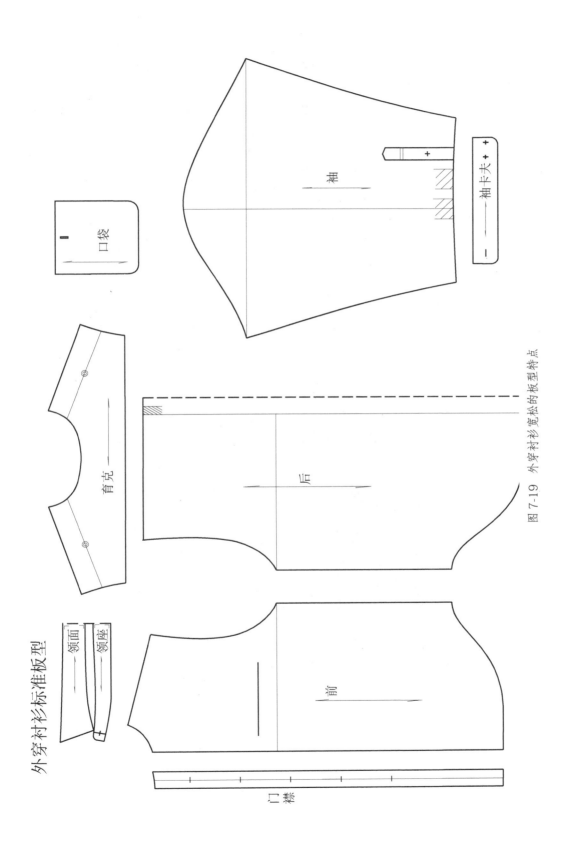

口袋

袖

袖卡夫

育克

后

前

门襟

外穿衬衫标准板型

领面

领座

图 7-19　外穿衬衫宽松的板型特点

在工艺上，高级定制（以内穿为主）衬衫比普通衬衫（包括外穿）多一倍的针步来缝制纽扣孔，纽扣也用双倍针数锁眼，并用全手工完成，这样既牢固耐磨，又能长时间保持精致美观。在形制上也不相同，高级定制门襟的最下端纽孔是横式缝制的，这样做能保证穿着时，前片不会上下移动，保持良好的外观品质。与礼服衬衫工艺的严谨性相比，外穿衬衫似乎显得粗糙，其实这正是它追求舒适性的考虑，特别在企领和卡夫的工艺上，外穿衬衫必须要放弃内穿衬衫的"硬挺路线"，走自己的"柔软路线"才有生命力。在领子用料上外穿衬衫比内穿衬衫更灵活，为达到一定的设计效果，领座里料采用与衣身不同的面料进行撞色设计。这种设计手法在内穿衬衫是不会使用的，相反采用白色企领、白色卡夫与衣身撞色的牧师衬衫设计套路也不会用到外穿衬衫上（图7-20）。在衬衫选择和工艺上可谓泾渭分明。外穿衬衫领和卡夫采用无纺纤维衬（俗称纸衬），它的特点是薄而柔软，并采用只在翻领的面布和领座的面布附衬。且要求领衬纸样与衣领毛样保持一致，这样可以在保持一定柔软度的前提下提高它的硬挺度。为了确保衣领形状左右对称，通常在制作衣领时借用净领模板完成，这样既保证质量，又方便制作。卡夫附衬的工艺与领子完全相同手法。

内穿衬衫与外穿衬衫不同，它为了强调企领和卡夫的硬挺度必须使用树脂衬，也称风压衬，树脂衬虽然有软、中、硬三种手感，但它们不符合外穿衬衫自然随性的本色风格。所以风压衬配合风压机的现代工艺通常用于内穿的礼服衬衫、商务衬衫个性定制、高级定制成衣生产。全定制衬衫的企领采用上浆或半上浆传统技术。而这种技术即便是定制休闲衬衫也绝不会使用。

图 7-20 外穿衬衫与牧师衬衫撞色的设计手法互不干扰

第八章

绅士衬衫定制菜单
与优雅生活方式

前文讲定制一件衬衫绝非是在定制一件衣服，也绝不是选择全定制、半定制、个性化定制的一种消费模式，而是定制一种优雅的生活方式，即通过衬衫定制体验一种关于服饰的品质和文化。这就需要规划一个一切与衬衫定制相关的菜单，包括从正式场合到休闲场合所需要的主服、配服配饰和衬衫可以变通的范围，同时要举例出对应的成功案例。这个菜单与其说是衬衫定制的规划不如说是一种优雅生活方式的建构。

一、礼服衬衫定制菜单

定制礼服衬衫意味着其主服和配饰具有晚礼服的燕尾服、塔士多礼服和日间礼服的晨礼服、董事套装的专属业性。

燕尾服衬衫的定制菜单除衬衫本身可变通的范围，还必须包括燕尾服主服、配服、配饰等相关的一整套 TPO（时间、地点、场合）的规制。维多利亚裁剪设计是燕尾服标志性结构，面料为黑色或深蓝色礼服呢，三或四粒扣的方领或青果领白色礼服背心，与礼服相同面料带有双侧章的非翻脚裤。配饰的领结、手套、胸前的装饰巾均为白色，黑色袜子和漆皮鞋，宝石或珍珠制作的链扣和胸前门襟扣。值得注意的是，燕尾服很少受流行趋势影响，它的变化在其程式的范围内依赖于礼服社交规范和传统习惯的微妙处理。

塔士多礼服衬衫是仅次于燕尾服的晚礼服衬衫，对应的主服有英式、美式和法式三种样式，但是它们对应的配服和配饰基本相同，单侧章的非翻脚裤，U 形领口，四粒扣的礼服背心或选择黑色丝织物制作的卡玛绉饰带，黑色领结，黑色宝石的链扣和胸前门襟扣。

日间礼服衬衫对应的主服包括晨礼服、董事套装和黑色套装。晨礼服和董事套装虽然主服款式不同，但配服、配饰基本相同。晨礼服也采用传统的维多利亚裁剪，面料为黑色或深银灰色礼服呢，黑灰条纹相间的非翻脚裤，银灰色双排六粒扣礼服背心或与外衣同色的单排六粒扣背心。经典的配饰包括灰色系领带或阿斯科特领巾，手套为白色或灰色，袜子为黑色，皮鞋为牛津鞋。黑色套装和西服套装采用深蓝色成套搭配时便升格为准礼服，日间礼服衬衫便成为它的最佳组 合（图 8-1）。

二、商务正式衬衫定制菜单

商务正式衬衫定制菜单对应的主服是日常礼服的黑色套装和西服套装及其配服、配饰。黑色套装和西服套装只是双排扣戗驳领和单排扣平驳领款式上的区别。不过黑色套装除了它的正式商务西装的身份，通过衬衫及配饰的变通还可以变成晚礼服和日间礼服。当选择晚礼服方案便进入晚礼服衬衫的定制菜单，如果选择日间礼服方案就要进入日间礼服衬衫的定制菜单。

商务正式衬衫定制菜单也是西服套装的有效组合方案。主服的特点是上衣配相同颜色相同材质的翻角裤或非翻脚裤，鼠灰色是商务标准色。配饰标准包括条纹领带、深色袜子和黑色系带皮鞋。它还有三件套和两件套西装的区别。重要的是它的衬衫变通范围较大，因此，了解商务衬衫的社交风格对西服套装及其配饰的整体规划具有关键作用（图 8-2）。

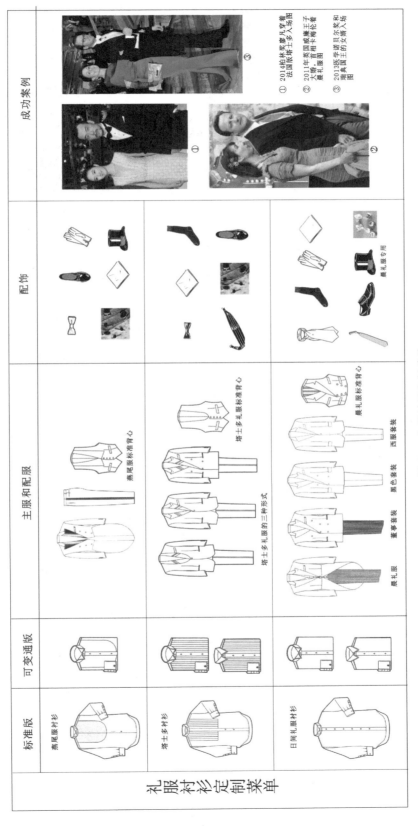

图 8-1　礼服衬衫定制菜单

注：匹配度（"■■"越多匹配度越高）

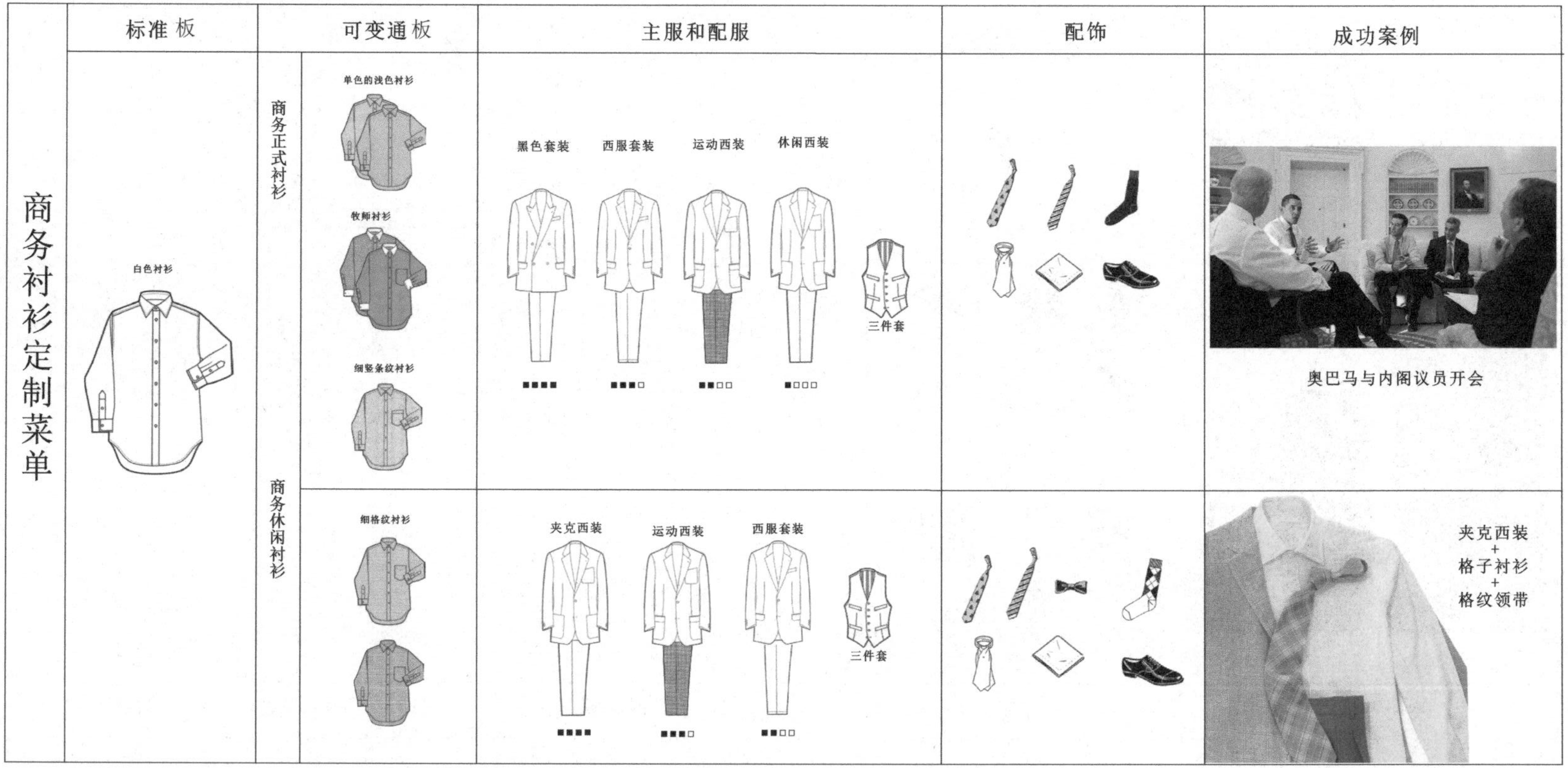

标准板	可变通板	主服和配服	配饰	成功案例

商务衬衫定制菜单

图 8-2 商务衬衫定制菜单

三、商务休闲衬衫定制菜单

商务休闲衬衫定制菜单对应休闲西装的运动西装和夹克西装以及它们的配 服配饰。商务休闲衬衫虽然主打纽扣领衬衫和细格纹衬衫，但其他的商务正式衬衫也都适用，只是一种休闲装的表达。

运动西装的标准面料为藏蓝色法兰绒，与卡其裤子搭配形成国际通用格式，与细格灰色西裤搭配为英国风格。主服细节上的明显特征是，左胸为贴口袋，夹袋盖贴袋为运动西装两侧下摆处的口袋形制，又称复合型贴口袋；明贴袋是运动西装向运动休闲韵味过渡的重要印记，明线为其工艺的基本特征；金属扣，增加了运动风格所特有的突出特征传统信息，并被视为运动西装的标志物；徽章是运动西装用于俱乐部或社团组织特有的标识，其设计和配置都很考究，不能滥用，一般俱乐部或社团组织活动时才佩戴，平时不可作为装饰物使用。由此可见，与西服套装相比，运动西装具有更丰富的搭配空间与细节元素的个性表达出，更能在衬衫定制中游刃有余地行走在商务正式场合和商务休闲场合之间。值得注意的是，在商务休闲衬衫定制菜单中必须首先确定它们的黄金组合。

单排三粒扣平驳领贴口袋运动西服（blazer）配苏格兰格裤（Scotland trousers）和细格子衬衣（patterned shirt），或纽扣衬衫可谓商务休闲最优雅的搭配；配饰备有俱乐部或社团所特有的徽章（emblem）和充满贵族血统的金属纽扣（blazer button）是表达敬畏传统和优雅品格不可或缺的；俱乐部领带（club tie）、运动袜（sport socks）、休闲鞋（loafers）这些细节也要照单收服，否则优雅休闲的黄金组合会大打折扣（图8-3）。

夹克西装也有黄金组合。面料为经典的格纹苏格兰粗纺呢，款式不同于运动西装的复合式贴口袋，采用三个贴袋式，胸部贴袋尺寸略小，选择角质扣为标准夹克西装，采用皮革编结纽扣说明它是猎装夹克。黄金搭配为夹克西装（jacket）配以黑深色裤子（chinos trousers），配饰有俱乐部领带（club tie）、运动袜（sport socks）、运动鞋（sport shoes）或和休闲鞋（loafers）。

当然，细格衬衫是夹克西装的绝配，这其中在暗示这种风格源于古老的英国贵族血统。配纽扣领衬衫同样传递着休闲的优雅但这是杂糅的风格，因为它们是把代表英国绅士田园生活的夹克西装和代表常青藤校园文化的牛扣领衬衫结合起来的，可谓双儒聚首不能不雅。而纽扣领衬衫的绝配是运动西装，其实这是布 鲁克斯兄弟早在100年前就打造的常青藤联盟的经典，这种渗透着美国基因的文化符号甚至比它的祖先"夹克西装"的绝配更强势。因此，无论是夹克西装的绝配，还是运动西装的绝配，它们从不拒绝彼此的价值理念，因为它们都是为了同一个追求，就是优雅的休闲生活，这就是主流社交间什么也把运动西装和细格衬衫这种杂糅的组合视为绝配，因为它们更是双儒聚首不能不雅。

由此可见，衬衫定制背后的挖掘远远超出了定制本身。

可变通版	主服和配服	配饰	成功案例
商务休闲衬衫定制菜单	  运动西装  休闲西装 		 商务休闲着装案例  英国著名演员加里·奥德曼（右二） 斯蒂芬·弗雷（右一）等在非正式场合

图 8-3　商务休闲衬衫定制菜单

参考文献

[1] Alan Flusser. Clothes And The Man[M]. United States: Villard Books, 1987.

[2] Alan Flusser.Dressing The Man[M]. United States: Hapercollins, 2002.

[3] Alan Flusser. Style And The Man[M]. United States: Hapercollins, 1996.

[4] Kim Johnson Gross Jeff Stone Clothes[M]. New York:A18red A. Knop8, 1993.

[5] Kim Johnson Gross Jeff Stone. Dress Smart Men[M]. New York: Grand Central Pub，2002.

[6] James Bassil. The Style Bible[M]. United States: Collins Living, 2007.

[7] くろすとしゆき監修.The Shirt[M]. 日本：妇人画报社.

[8] 妇人画报社书籍编辑部. THE DRESS CODE[M]. 日本：妇人画报社，1996.

[9] 妇人画报社书籍编辑部. 男の服饰事典 [M]. 日本：妇人画报社，1996.

[10] 本吉敏男 .Foumal Wear[M]. 日本：妇人画报社.

[11] 《时尚先生》杂志社 . 男装完全手册 [M]. 北京：中国轻工业出版社，2007.

[12]【美】保罗 . 福塞尔，王建华 . 品位制服 [M]. 北京：三联书店，2005.

[13]【美】尼古拉斯 . 安东吉亚凡尼 .Men 's Wear Value Million[M]. 潘艳艳译 . 天津：天津出版社，2011.

[14] 华梅 . 服装美学 [M]. 北京：中国纺织出版社，2003.

[15] 许才国，鲁兴海 . 高级定制服装概论 [M]. 上海：东华大学出版社，2009.

[16] 刘瑞璞，张宁 . 男装款式和纸样系列设计与训练手册 [M]. 北京：中国纺织出版社，2010.

[17] 刘瑞璞，张宁 . 男装款式和纸样系列设计与训练手册 [M]. 北京：中国纺织出版社，2010.

[18] 刘瑞璞 . 服装纸样设计原理与应用 [M]. 北京：中国纺织出版社，2008.

[19] 戴卫 . 成功男人着装的秘密 [M]. 北京：华文出版社，2003.

附录

基于国际着装规则的衬衫
定制款式设计方案

一、燕尾服衬衫

| 搭配菜单 | 着装效果 |

燕尾服(tail coat)　　双倒章裤(side striped trousers)

礼服衬衫
(evening shirt)

链扣
(cuff links)

背心
(vest)

白领结
(white tie)

手帕
(handkerchief)

白手套
(white gloves)

大礼帽
(top hat)

黑袜子
(black socks)

漆皮鞋
(pampus)

（一）领型变化

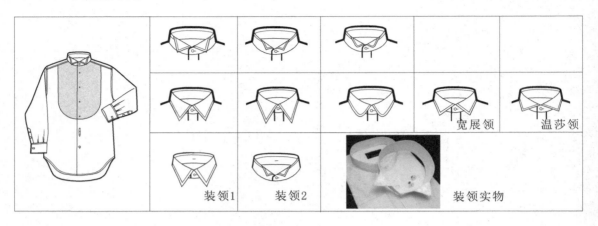

宽展领　温莎领

装领1　装领2　装领实物

（二）卡夫变化

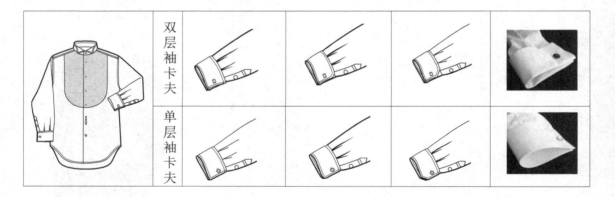

双层袖卡夫

单层袖卡夫

（三）胸裆变化

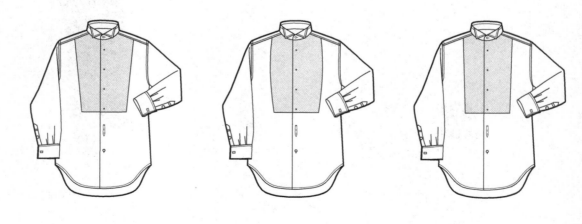

（四）背部褶变化

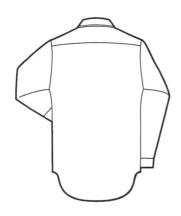 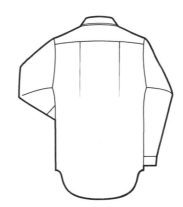

（五）门襟变化

（六）综合变化

二、晨礼服衬衫

搭配菜单

效果图

晨礼服 (Morning coat)

黑灰条相间裤子 (Striped trousers)

翼领衬衣
(Wing collar shirt)

企领衬衣
(Regular collar shirt)

链扣
(Cuff links)

背心
(Vest)

阿斯克领巾 (White tie)

饰针 (Tie pin)

手帕 (Handkerchief)

银色领带 (Silver tie)

大礼帽 (Top hat)

白手套 (White gloves)

黑袜子 (Black socks)

漆皮鞋 (Pampus)

（一）领型变化

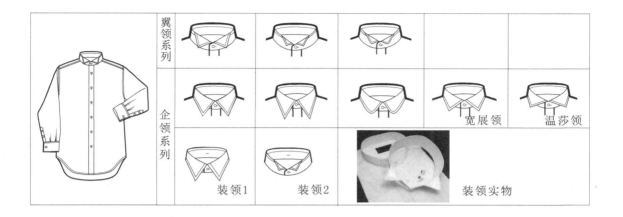

（二）卡夫变化

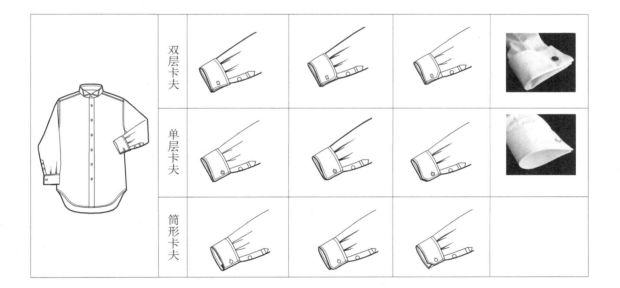

（三）门襟变化

（四）背部褶变化

（五）综合变化

（六）牧师衬衫

三、塔士多礼服衬衫

搭配菜单

效果图

塔士多(Tuxedo)

单侧章裤（side triped trousers）

企领衬衫
(regular collar shirt)

翼领衬衫
(wing collar shirt)

背心
(vest)

卡玛绉饰带
(cummerbund)

黑领结
(black tie)

背带
(suspender)

链扣
(cuff links)

手帕
(handkerchief)

黑袜子
(black socks)

漆皮鞋
(pampus)

（一）领型变化

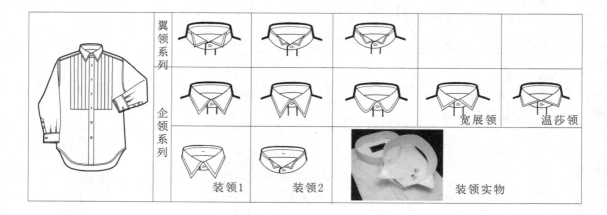

企领系列　翼领系列

宽展领　　温莎领

装领1　　装领2　　装领实物

（二）卡夫变化

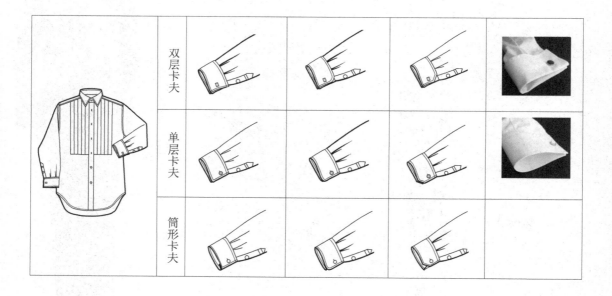

双层卡夫　　单层卡夫　　筒形卡夫

（三）胸裆变化

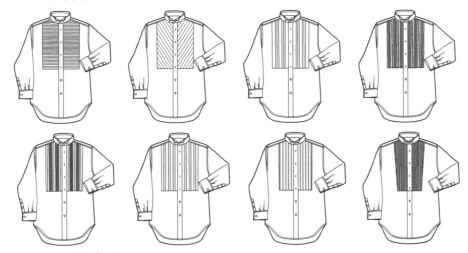

（四）门襟变化

（五）背部褶变化

（六）综合变化

四、黑色套装衬衫

搭配菜单

效果图

黑色套装（Black suit）

裤子（Trousers）

企领衬衣
(Regular collar shirt)

背心（Vest）

条纹领带
(Four-in-hand)

银色领带
(Silver tie)

链扣
(Tie clip)

袖扣
(Cuff links)

黑袜子（Black socks）

黑色皮鞋（Black shoes）

（一）领型变化

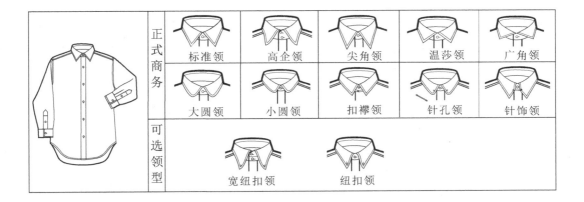

	正式商务	标准领	高企领	尖角领	温莎领	广角领
		大圆领	小圆领	扣襻领	针孔领	针饰领
	可选领型		宽纽扣领		纽扣领	

（二）卡夫变化

衬衫		方角	圆角	切角	实物
	筒形卡夫				
	单层卡夫				
	双层卡夫				

（三）门襟变化

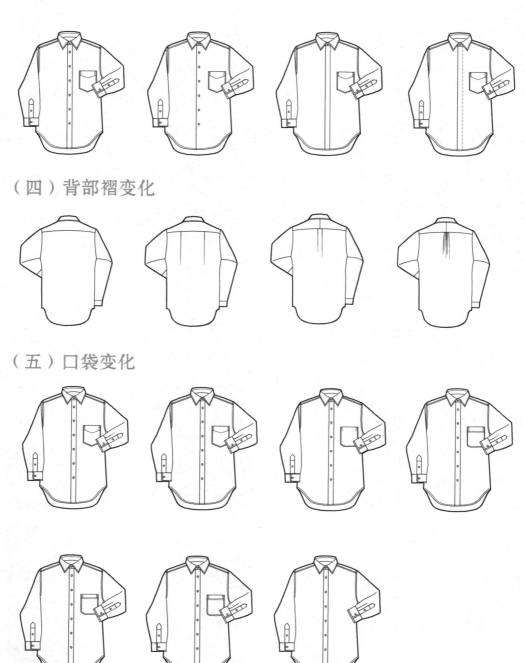

（四）背部褶变化

（五）口袋变化

（六）综合变化

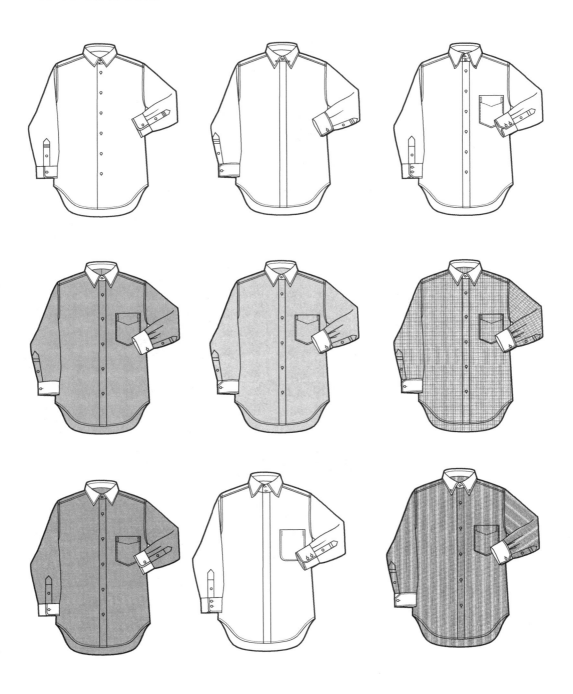

（七）图案变化

五、西服套装衬衫

| 搭配菜单 | 效果图 |

西服套装（Suit）

灰色西裤（Gray trousers）

企领衬衣（Regular collar shirt）

背心（Vest）

条纹领带（Four-in-hand）　黑袜子（Black socks）　黑色皮鞋（Black shoes）

（一）领型变化

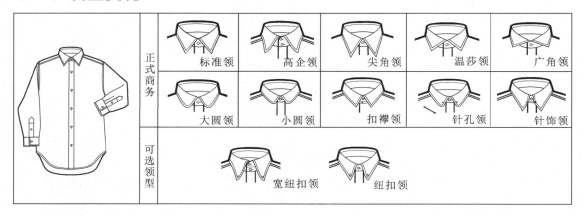

正式商务	标准领	高企领	尖角领	温莎领	广角领
	大圆领	小圆领	扣襻领	针孔领	针饰领
可选领型		宽纽扣领	纽扣领		

（二）卡夫变化

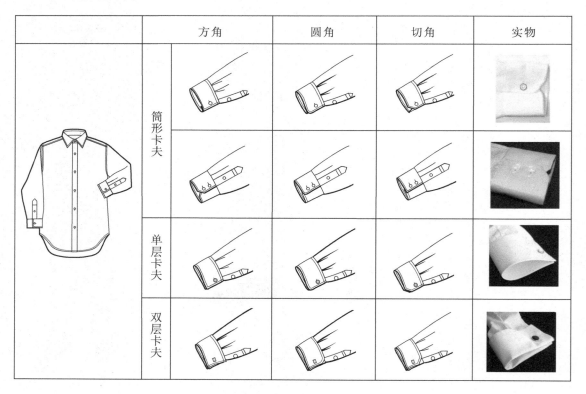

	方角	圆角	切角	实物
筒形卡夫				
单层卡夫				
双层卡夫				

（三）门襟变化

（四）背部褶变化

（五）口袋变化

（六）综合变化

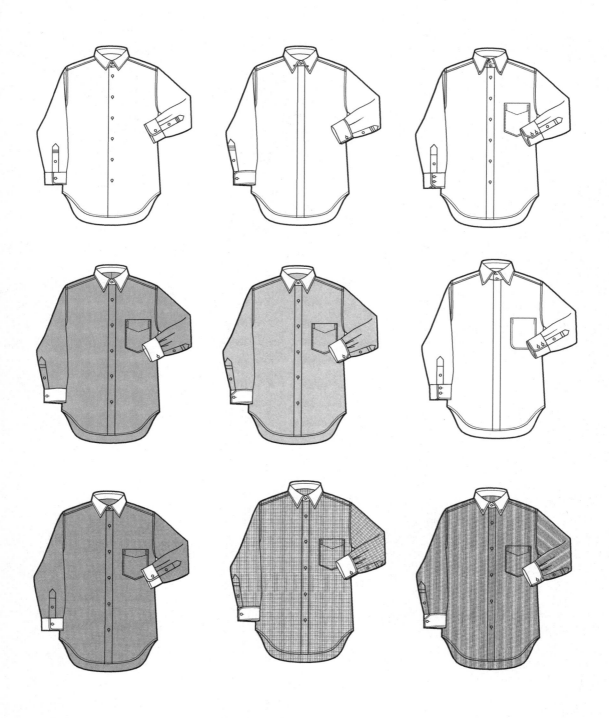

（七）图案变化

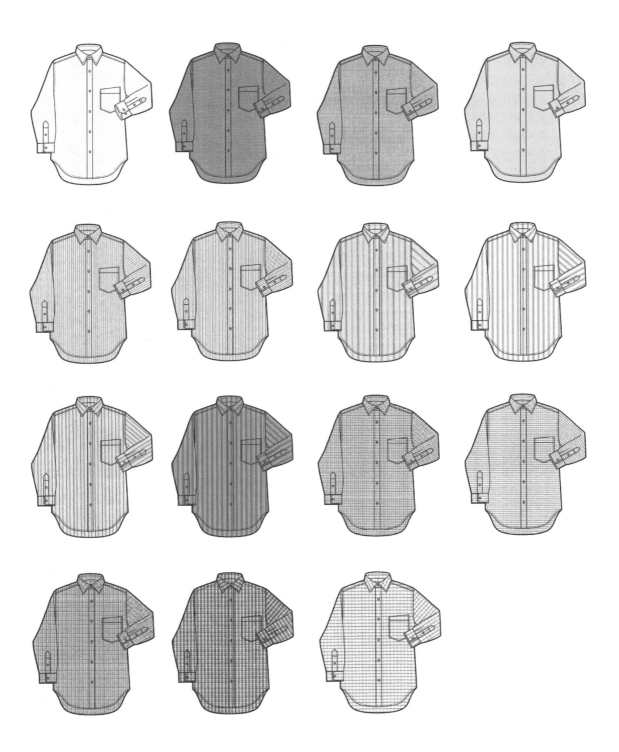

六、运动西装衬衫

| 搭配菜单 | 效果图 |

布雷泽（Blazer）

苏格兰格裤（Scotland trousers）

企领衬衣
（Regular collar shirt）

徽章
（Emblem）

布雷泽金属纽扣
（Blazer button）

俱乐部领带（Club tie）

运动袜（Sport socks）

休闲鞋（Loafers）

（一）领型变化

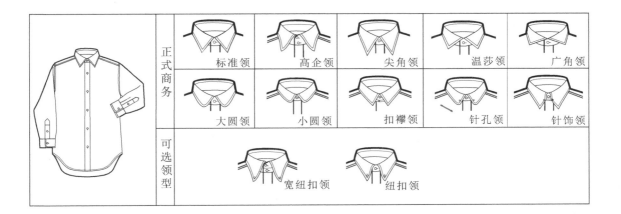

正式商务	标准领	高企领	尖角领	温莎领	广角领
	大圆领	小圆领	扣襻领	针孔领	针饰领
可选领型		宽纽扣领	纽扣领		

（二）卡夫变化

衬衫	方角	圆角	切角	实物
筒形卡夫				
单层卡夫				
双层卡夫				

（三）门襟变化

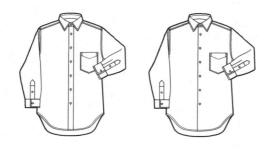

（四）背部褶变化

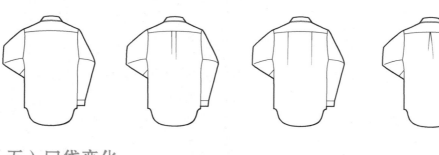

（五）口袋变化

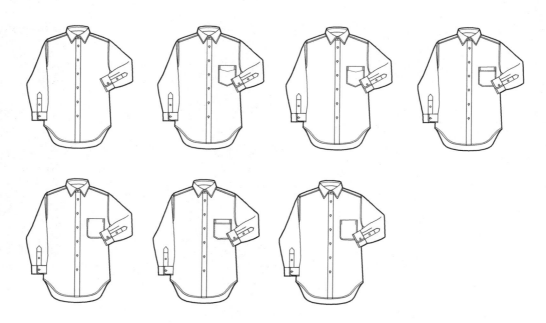

（六）综合变化

（七）图案变化

七、休闲西装衬衫

搭配菜单　　　　　　　　　　　效果图

茄克（Jacket）　　　　休闲裤（Chinos trousers）

企领衬衣
（Regular collar shirt）

格子衬衫
（Patterned shirt）

俱乐部领带
（Club tie）

运动袜（Sport socks）　　运动鞋（Sport shoes）　　休闲鞋（Loafers）

（一）领型变化

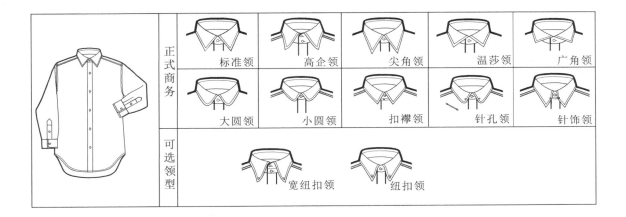

		标准领	高企领	尖角领	温莎领	广角领
	正式商务	大圆领	小圆领	扣襻领	针孔领	针饰领
	可选领型		宽纽扣领	纽扣领		

（二）卡夫变化

衬衫		方角	圆角	切角	实物
	筒形卡夫				
	单层卡夫				
	双层卡夫				

（三）门襟变化

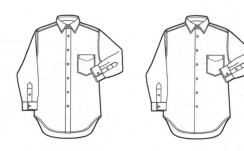

（四）背部褶变化

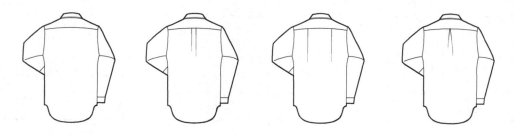

（五）口袋变化

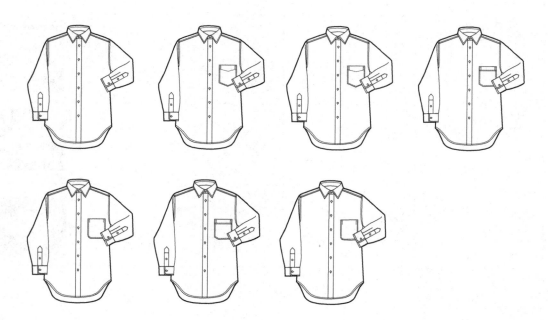

（六）综合变化

（七）图案变化

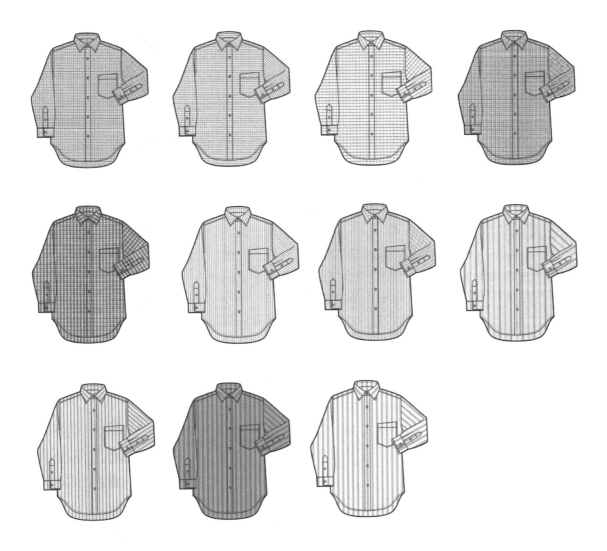

后记

在规划"优雅绅士"丛书之初是没有《衬衫》的。下决心将"衬衫"作为"优雅绅士"的一个单品独立成书,这样它可以与《礼服》《西装》《外套》和《户外服》并驾齐驱了。"优雅绅士"之衬衫的出版仍然会被认为在绅士服中间是个"弱势群体"。这个契机就是国内高端男装定制品牌都无一例外地将"衬衫定制"独立出来并有完整的定制流程和经营模式,在定制规模和利润上也完全不亚于主服。在亚洲最大的衬衫定制品牌诗阁,将全世界绅士衬衫的生意做到了极致,国内与此加盟的定制品牌也委托我们专门研发"定制衬衫运营操作系统"。这让我们重新审视衬衫在绅士服中的地位和文化价值。

我们再看看在主流社交中,绅士对衬衫的态度,在一个完整的绅士装备中,无论是礼服、西装、外套还是户外服,衬衫作为配服的地位是一定的。但是,它的作用是任何主服不能替代的,因为一个可以接受的社交形象是,可以没有主服,不能没有衬衫,衬衫可以单独存在。脱掉外衣,只是社交的形象不够完整,或职场取向有所改变,如从紧张的气氛变成宽松的气氛。任何主服如果没有了衬衫,无论是着装修养还是社交形象都将是突破性的。不仅如此,衬衫既定的语言密码,还会改变主服的风格、品质趣味、个人风物、场合状况等,甚至在左右着主服和配饰的选择范围。实在不能想象,如果没有系统的研究衬衫的社交规则、知识系统和成功案例是怎样的,像牧师衬衫、纽扣领衬衫、针饰领衬衫、翼领衬衫、牛津纺衬衫、细格衬衫等一定会迷失方向。

本书正是为了解决这些困惑而努力的。首先,最重要的是课题立项,以"基于THE DRESS CODE 衬衫定制系统研究"作为课题,在时间、学术水平和人员上得到保证。其次,引进翻译有关衬衫的 THE DRESS CODE(国际着装规则)权威文献。这是我国首次做的有关衬衫文化学术建构的开拓性工作。最后,有关衬衫文献、案例和品牌的系统整理为建立衬衫定制流程模式和经营文化提供成功范本。这些工作得到了包括恒龙、诗阁、德文定制企业的大力支持和 TPO&PDS 研究团队李静、胡长鹏、周长华、马立金、王丽玥、万小妹、张媾、尹芳丽、陈果、魏佳儒、赵立、朱博伟、于汶可成员的大力支持。在此一并衷表忱谢。

刘瑞璞
2015年12月
于北京服装学院